爱 上 北 外 滩
HISTORY OF THE NORTH BUND

⊙ 主编 熊月之

上海邮政大楼

SHANGHAI POST OFFICE BUILDING

⊙ 黄婷 著

上海人民出版社　学林出版社

本书获虹口区宣传文化事业专项资金扶持

《上海邮政大楼》编纂委员会

主　任
　　吴　强　郑　宏

主　编
　　熊月之

副主编
　　陆　健　李　俊　张　晖

撰　稿
　　黄　婷

策　划
　　虹口区档案馆
　　虹口区地方志办公室

序

地理社会学常识告诉我们，山环挡风则气不散，有水为界则气为聚。世界上大江大河弯环入海处，每每就是人类繁衍、都市产生、文明昌盛之地。

浩浩黄浦，波翻浪涌，流经上海城厢东南一带，缓弯向北，与吴淞江合流之后，又急弯向东，折北流入长江口。黄浦江在上海境域流线，恰好形成由两个半环连成的"S"形。于是，这里成为聚人汇财的风水宝地。

虹口一带江面，为江（吴淞江）浦（黄浦）合流之处。二水合力作用，使得这里水深江阔、江底平实，最宜建造码头、停泊船只、载人运货。此地呈东西向。水北之性属阳，那是阳光灿烂、草木葳蕤、熙来攘往、生机盎然之所在，宜居宜业宜学宜游。于是，林立的码头、兴旺的商铺、别致的住宅、华美的宾馆、发达的学校、美丽的花园、慈善的医院，还有各国的领事馆，成为虹口滨江一带亮丽的风景。

虹口滨江一带，近代曾属美租界。美、英两租界在1863年合并为公共租界以后，在功能上有所区分。苏州河以南、原为英租界部分，以商业、金融、住宅为主；苏州河以北、原为美租界部分，西段（虹口）以商业、文化、住宅、宾馆、领馆较为集中，东段（杨树浦）以工业较为集中，航运业则为两段所共有。

于是，黄浦江在此地的弯环处，即从南京路到提篮桥一带，成为上海名副其实的国际会客厅。这里分布了众多的宾馆、公寓、领馆，以及教堂、公园、剧院、邮局等公共设施。汇中饭店、华懋饭店、浦江饭店、上海大厦、上海邮政大楼、河滨大楼，外滩公园，英国领事馆、美国领事馆、俄罗斯领事馆、日本领事馆、意大利领事馆、奥匈帝国领事馆、比利时领事馆、丹麦领事馆、葡萄牙领事馆、西班牙领事馆、挪威领事馆，均荟萃此地。五洲商贾，四方宾客，由吴淞口驶近上海，首先映入眼帘的，便是这一带风姿各异、错落有致的楼宇、桥梁与花园。他们离开上海，最后挥手告别的，也是这道风景线。难怪，20世纪二三十年代关于上海城市的明信片上，最为集中的景点也是这些。

本套丛书记述的浦江饭店、上海大厦、上海邮政大楼、河滨大楼，正是上海会客厅中的佼佼者。

浦江饭店（原名礼查饭店）是上海也是中国第一家现代意义上的国际旅馆，位置绝佳，设施一流。来沪的诸多名人，包括著名的《密勒氏评论报》的创始人富兰克林·密勒、主编鲍威尔，美国密苏里大学新闻学院院长沃尔特·威廉，采访过毛泽东等中共领袖、撰写《西行漫记》的美国记者斯诺，美国知名小说家与剧作家彼得·凯恩，国际计划生育运动创始人山额夫人，诺贝尔文学奖获得者萧伯纳，享有"无线电之父"美誉的意大利科学家马可尼，均曾下榻于此。中国政界要人、工商界巨子、文化界名人，颇多在此接待、宴请外宾，诸如民国初年内阁总理唐绍仪、外交家伍朝枢、淞沪护军使何丰林、南京国民政府外交部长王正廷、虞洽卿、宋汉章、张嘉璈、方椒伯、复旦大学校长李登辉、翻译家邝富灼、著名防疫专家伍连德、出版家张元济，等等。上海工部局的总董、董事，上海滩的外国大亨，教会学校的师生，借这里宴客、聚会、举行毕业典礼，更是家常便饭。他们之所以选择这里，因为这里代表上海的门面，体现上海的身份，反映上海的水平。1927年"四一二"反革命政变以后，遭国民党反动派追捕的无产阶级革命家周恩来、邓颖超夫妇，也曾在这里隐身一个多月。

上海大厦（原名百老汇大厦），是历史悠久、风格别致、装潢典雅、国际闻名的高级公寓，一度是上海最高建筑，也是近赏外滩、远眺浦东、俯察二河（黄浦江、苏州河）、环视上海秀色的最佳观景台。新中国成立后，这里曾是上海接待外国元首的最佳宾馆，党和国家领导人曾陪同外国元首、贵宾，在这里纵论天下大事，细品上海美景。上海大厦是上海历史变迁的见证。1937年日本侵占上海以后，百老汇大厦一度成为日本侵华据点。日本宪兵队特务机构特高课、日本文化特务机构"兴亚院"的分支机构设在这里，许多日本高级将领、杀人魔王入住其中，烟馆、赌场亦开设其中。这里变成骇人听闻、乌烟瘴气的魔窟。抗战胜利后，国民党中央宣传部国际宣传处上海办事处、一批美军在华机构相继迁居其中，一大批外国记者居住于此，法国新闻社、美国新闻处、经济日报等也搬了进来，使得这里成为与西方世界联系最密切的地方。1949年上海解放前夕，蒋经国是在这里举行他离开上海前最后一次会议。上海的最后解放，也是以百老汇大厦回到人民手中为标志的。

上海邮政大楼是上海现代邮政特别发达的标志。邮政是国家与城市的经脉。近代上海是我国现代邮政起步城市，全国邮政枢纽之一，也是联系世界的邮政结点之一。邮政大楼规划之精细，设计之精心，建筑之精美，管理之精良，名闻遐迩。耸立在正门上方的钟楼和塔楼，塔楼两侧希腊人雕塑群像，蕴含的深意，更增添了大楼的美感与韵味。这是迄今保存最为完整、我国早期自建邮政大楼中的仅存硕果，其历史价值无可比拟。邮政大楼矗立北外滩，其功能与航运码头相得益彰，航邮相连，增强了这一带楼宇功能相互联系、相互补充的整体感。至于发生在大楼里、与现代邮政有关的故事，诸如邮票发行、业务拓展、人事代谢，更是每一部中国近代邮政史都不可或缺的。

河滨大楼是近代上海最大公寓楼，商住两用，高8层，占地近7000平方米，建筑总面积近4万平方米，有"远东第一公寓"之美誉。业主为犹太大商人沙逊，整幢建筑呈S造型，取Sassoon的首字母，可谓匠心独具。大楼建筑宏敞精美，用料考究，塔楼、暖气、电梯、游泳池、深井泵、消防泵等各种现代设施一应俱全。楼里起初居住的多为西方人，内以英国人、西班牙人、葡萄牙人、美国人居多。《纽约时报》驻沪办事处、米高梅影片公司驻华办事处、联合电影公司、联利影片有限公司、日华蚕丝株式会社、京沪沪杭甬铁路管理局等中外企业、机关团体、公益组织，最早在楼内办公。抗战胜利以后，上海市轮渡公司、联合国善后救济总署中国分署、联合国驻沪办事处、联合国国际难民组织远东局等，也在此办公。20世纪50年代起，上海中医学院在楼内创立，上海市第一人民医院曾设诊室于此，而众多文化名人入住楼内，更使得这里的文化氛围益发浓厚。

虹口是海派文化重要发源地、承载地、展陈地。新时代虹口，正在绘制新蓝图。经济发达、科技先进、交通便捷、文化繁荣、环境优美，是虹口人的愿景。深入发掘、研究、阐释虹口丰厚的文化底蕴，擦亮虹口文化名片，是虹口愿景的题中应有之义。虹口区高度重视这项工作。本套丛书撰稿人，均多年从事上海历史文化研究，积累丰厚，治学严谨。这四本书，都是第一次以单行本方式，独立展示每一座地标建筑的文化内涵。相信这四本书的出版，对于人们了解北外滩、欣赏北外滩，一定能起到知其沿革、明其奥妙、探赜索隐、钩深致远的作用。

会客厅是绽放笑容、释放热情、展陈文化的场所。这四本书，就是虹口四座大楼向八方来客递上的一张写有自家履历的名片。

2020年12月9日

目 录

绪　言　上海邮政大楼历史与现状概述　　　　　　　　　　1

第一章　大楼诞生　　　　　　　　　　　　　　　　　　　9
　　一、从酝酿到决策建楼　　　　　　　　　　　　　　10
　　二、设计师思九生　　　　　　　　　　　　　　　　17
　　三、营造公司　　　　　　　　　　　　　　　　　　19
　　四、远东第一大厅　　　　　　　　　　　　　　　　24

第二章　从和平到动荡时期　　　　　　　　　　　　　　35
　　一、邮务长们　　　　　　　　　　　　　　　　　　35
　　二、老上海的"铁饭碗"不好捧　　　　　　　　　　　41
　　三、抗战时期的邮政大楼　　　　　　　　　　　　　47
　　四、上海邮政职工投身抗日救亡运动　　　　　　　　52
　　五、上海邮工支援十九路军抗日　　　　　　　　　　65
　　六、上海抗战中的邮工童子军　　　　　　　　　　　68
　　七、从邮局拣信生起步的唐弢　　　　　　　　　　　71

第三章　解放战争时期　　　　　　　　　　　　　　　　77
　　一、抗战胜利后的邮政　　　　　　　　　　　　　　77
　　二、改良邮政：昙花一现　　　　　　　　　　　　　82
　　三、护局斗争：保护大楼　　　　　　　　　　　　　88

第四章　回到人民手中　　　　　　　　　　　　　　　　99
　　一、顺利接管　　　　　　　　　　　　　　　　　　99
　　二、中国加入万国邮联始末　　　　　　　　　　　　102

三、从"邮发合一"到"邮电分营" 105
四、特快专递、邮政编码与集邮热兴起 108
五、第一个自动化实验邮电局 119
六、新中国首任邮电部部长朱学范 123
七、邮政大楼走出乒乓球名将：王传耀 127
八、邮政书法家任政 129
九、篆刻名家——叶隐谷 135

第五章 在城市更新中 141

一、修旧如旧：首次按文物实施修缮 141
二、功能改变 154
三、上海邮政博物馆 158
四、"中华第一邮"：大龙邮票 182
五、赫德：中国现代邮政制度的创建者 190
六、马任全与"红印花小字当壹圆"盖八卦戳旧票 194
七、南极长城站邮局唯一一任局长 199
八、中国第一位极地邮使 203
九、《上海浦东》邮票发行成功 207
十、美国八旬"女孩"卓娅与上海邮政的感人情缘 214

附录一 大事记 218

附录二 上海解放前上海邮电历任主管人员一览表 226

参考文献 230

后 记 231

人民东电

绪言

上海邮政大楼历史与现状概述

上海之有邮政，始于唐朝天宝年间，唐天宝十年（751），设置华亭县，那时官办的驿站，属华亭县管辖。以后历经宋、元、明、清各朝，在上海先后设立过华亭驿、云间驿、西湖驿、上海驿。驿站只传递官方文书，不办理民间通信。

上海建县后，凭借水上交通的优势，中外贸易日益兴盛，至乾嘉年间，已发展为"江海之通津，东南之都会"，商务通信需求日益迫切。明永乐年间（1403—1424），开始出现民信局的组织，发轫于宁波，扩展至上海，以后逐步发展，成为近代邮政诞生前主要的民间通信机构。到了清代道光至同治年间，上海经济逐步发达，商业渐趋繁荣，各地民信局纷纷在上海设立总局，它们通过水陆交通，同各地相互联络，最盛时，上海民信局达到70多家。民信局经营范围广泛，寄递信件、新闻报纸、商业单据，同时兼办寄递包裹、代运货物、携带现金、汇兑款项、代销报纸、护送旅客等各项业务。除了上面所述普通业务外，还有特殊业务，如火烧信，即用火烧去信件一角，表示"火速"。鸡毛信[1]，即用鸡毛插在信件四角，表示"如飞"。么帮信，即派脚夫专门递送。挂号信，即专门出具收条。这种民信局，一般开设在小街小巷，每当金鸡报晓，天将黎明，便派人登门收信。收费视具体情况，没有一定的标准，服务相当周到，这是上海商民的主要通信方式。

上海开埠后，外国人纷至沓来，他们借口中国驿站不办外国通信、不利侨民与本国通信，于是指定一个英国外科医生兼办英侨信件的寄递。1861年，英国人在上海圆明园路（今虎丘路）、北京路口设立"大英书信馆"。以后，法、美、日、德、俄五国，各在上海设立邮局，历史上称为"客邮"。他们由本国邮政总局领导，使用本国邮票，不仅侵犯中国邮权，还庇护走私和贩毒活动。1863年，上海英租界工部局设立工部局书信馆，为在沪外国人寄递邮件。1865年，公共租界工部局设"上海书信局"，正式办理本地的信件递送，自印邮票、明信片。

李鸿章认为中国必须自办邮政，但又怕难以接管外国人办的邮局，于是委托海关总税务司赫德，经总理衙门批准，于1878年，在北京、天津、牛庄（营口）、烟台、上海五处，由海关仿照欧洲办法，试办邮政。同年3月，中国近代邮政正式诞生，取名海关拨驷达局（"拨驷达"即英文"post"的音译）。7月，中国第一套邮票，俗称大龙邮票，在上海印刷，发行全国。这时，上海的邮政机构，名目繁多，有官办的驿站，商办的民信局，外国私设的客邮局，租界当局的书信馆，半中半西、半华半洋的拨驷达局。我国有识之士提议办国家邮政，1896年，光绪皇帝批准张之洞的奏章，举办国家邮政。1897年，大清邮政局在上海正式成立，仍由赫德为总邮政司。1911年，清朝成立邮传部，邮政与海关分开。驿站、民信局相继淘汰，而外国私设的客邮局，直到1922年才结束。

从1878年到1907年三十年间，上海邮局一直设在外滩江海关内。1907年11月4日，上海邮政总局租用英国怡和洋行建造在北京路9号的"新厦"后，才从海关后院迁出。开埠后的上海经济发达、交通便利、人口密集、文化繁荣，对外交往频繁，使得上海邮局业务迅速发展。1917年，原来租用的"新厦"已显得不敷使用。特别是

1922年客邮撤废后,邮政大楼的业务猛增,其时的北洋政府为适应上海邮政业务发展,也为了能逐步地消除外国人对中国邮权的控制,决心建造一幢大楼,取代租用的"新厦"。

邮政局的选址,当时颇费斟酌。按照邮政运输作业的方便,邮局应当造在火车站附近,但北火车站在闸北,离市中心区较远;且邮政的主要服务对象集中在今黄浦区一带,因此最后选定在天潼路和苏州河毗连处。工程于1922年12月动工,1924年年底建成,邮政大楼占地面积6500平方米,建筑面积2.53万平方米,钢筋混凝土框架结构,地价和造价总共320万银元。这幢大楼被称为"SHANGHAI DISTRICT HEADPOST OFFICE",译为"上海邮政总局"。

早在大楼诞生前的1911年年底,上海邮务管理局以每辆60个大洋的价格向英国订购了100辆"兰令"脚踏车(即英国老牌自行车Raleigh)。

可以想象:近百年前,1924年的上海早晨,身着邮政制服的邮递员,先在新邮政大楼宽阔的中央大厅集合,随后将不同邮件一一放进自家自行车的网兜中,然后,迎着清晨凉风,跨上"兰令"脚踏车,骑向城市四方。在他们的网兜中,装着那个时代的问候与情感,也装着那个时代的欣喜与悲痛。

上海是中国近代邮电的发祥地。辛亥革命后,随着上海租界的畸形繁荣和对外贸易的发展,上海邮电通信发展迅速,在全国邮电通信网中处于领先与中心的地位。1913年,全国重新划分邮区,上海虽是江苏省的一个县,但由于地理位置独特,经济文化繁荣,被单独划为一个邮区,管辖范围包括崇明、太仓、昆山、嘉定、上海、南汇、川沙、奉贤、松江、金山、青浦、宝山、启东、海门14个县。1914年3月,中国加入万国邮政联盟,9月,上海邮政总局被指定为国际邮件互换局,可直接与其他会员国互换邮件,上海成为国际邮政通信在东方的最大门户。第一次世界大战后，上海民族工商业和各业繁荣发展，邮政业务迅速增长，连年盈余。1919年，开办邮政储蓄业务。1930年，邮政储金汇业总局在上海成立，邮政同时成为支持国家金融的重要机构。全国面积最小的上海邮区，是全国各邮区业务量和业务收入之冠。可以说，在中华人民共和国成立前，上海邮局一直是全国城市中业务量最大的邮局。

1937年8月13日，日本在上海发动侵略战争，上海沦为"孤岛"后，通邮范围缩小，业务中落，出现赤字。上海邮政在外籍邮务长主持下，一面与日伪政权周旋，一面仍与撤往后方的交通部邮政总局保持联络，接受领导，维持业务。上海邮政一度成为上海与后方联络信息、运递物资的基地。1943年，上海邮政的实权落入日伪之手，外籍邮务长被辞退，与后方联系断绝。1946年，发起"改良邮政"运动，邮政电信的服务水平提高，窗口服务改善，邮递速度加快，博得社会好评。但不久因国民党发动内战，政局动荡，交通隔绝，物价飞涨，邮电重陷困境，以致出现"信封贴在邮票上"的怪事。临近上海解放时，上海邮电的经营已难以为继。在解放上海的过程中，上海邮电职工在中共地下党组织的领导下，积极开展"护局斗争"，保证了上海的国内外通信分秒未停，有力地配合了上海的解放。

1949年5月28日，上海解放的第二天，市军管会接管了邮政管理局，一面整顿管理，保证通信，一面按照国家计划经济体制的要求，调整网络和经营范围。1950年3月，实行"邮发合一"，上海出版的《解放日报》《劳动报》《青年报》以及《展望》周刊等率先交给邮局发行。1960年，卢湾区建立了第一个自动化实验邮电局。

2001年，虹口区政府公布了四川路一条街宏大的改造规划。邮政大楼所处的位置正是四川路一条街的源头、外滩源的对岸以及苏州路沿岸的重点地段，它被市规划局和文管会列为保护性建筑。2005年，上海市邮政局对邮

苏州河畔的邮政大楼（秦战摄）

政总局大楼相关损坏部分进行一次性恢复性大修和加固，同时利用邮政局大楼中庭、天台和部分楼面，改建成上海邮政博物馆。上海邮政大楼作为国家级文物保护单位，按文物级别实施维护修缮，尚属首次。上海邮政博物馆的馆址被确定在邮政大楼内，这样，邮政大楼的建筑、大楼内发生的故事和曾经生活在大楼内的人物，就是上海邮政博物馆最大的亮点，也是最有价值的文物。上海邮政博物馆的馆名是由江泽民亲笔题写的。

2006年1月1日，上海邮政博物馆开馆，成为爱国主义教育基地、科普教育基地。上海邮政博物馆整个主展区面积为1500平方米，分为一个序厅，以及"起源与发展""网络与科技""业务与文化""邮票与集邮"四个展区。从一幅幅泛黄的老照片，一件件古旧的邮用工具和设备中一路走来，现代邮政的科技元素与新型手段不时呈现，交错辉映，向人们娓娓讲述着上海邮政在中国邮政史上重要而独特的地位，及其演变、发展的历程，让人不禁感叹邮政科技、邮政文化的文史价值和经济价值。

上海邮政大楼，是全国邮政系统中建成后唯一一直在使用的独具特色的标志性建筑，是上海市近代优秀建筑、市级文物保护单位，与1915年的天津车站邮政大楼、1922年的北京天安门广场邮政大楼并称为全国三大邮政大楼。后两座大楼现已不复存在，因此，上海邮政大楼的历史价值更加重要。1989年9月，上海邮政大楼被上海市政府列为"上海市优秀历史建筑"；1996年，被国务院公布为全国重点文物保护单位。2007年，上海邮政博物馆获得第七届（2005—2006年度）全国博物馆十大陈列展览"最佳新材料新技术奖"。2017年12月2日，上海邮政大楼入选"第二批中国20世纪建筑遗产"。

注　释

1, 鸡毛信源于古代的"羽檄"。《汉书·高帝纪下》："吾以羽檄征天下兵"。颜师古注："檄者，以木简为书，长尺二寸，用征召也。其有急事，则加以鸟羽插之，示速疾也。"从中可知，"羽檄"即插有鸟羽的檄文，表示情况紧急，最初用于军事。羽檄又称"羽书"，如杜甫《秋兴》诗："直北关山金鼓振，征西车马羽书驰。"到清朝，"羽檄"这个名词又大量使用了，而且已经不仅仅用于军事，还成了地方官府递送紧急文书的一种方式，其中最常见的就是"鸡毛信"。清人陈其元《庸闲斋笔记》说："曾文正公（曾国藩）硕德重望，传烈丰功，震于一时；顾性畏鸡毛，遇有插羽之文，皆不敢手拆。"据说，太平天国时期，书信确确实实是插了羽毛，而且就是鸡毛。

SHANGHAI POST OFFICE BUILDING

上 海 邮 政 大 楼

第一章 大楼诞生

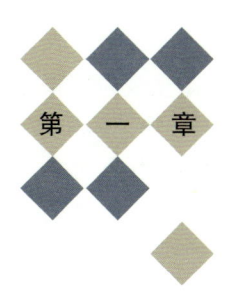

从1878年到1907年三十年间,上海邮局一直设在外滩江海关内。1907年11月4日,上海邮政总局租用英国怡和洋行建造在北京路9号的"新厦"后,才从海关后院迁出。开埠后的上海经济发达、交通便利、人口密集、文化繁荣,对外交往频繁,使得上海邮局业务迅速发展。1917年,原来租用的"新厦"已显得不敷使用。特别是1922年客邮撤废后,邮政大楼的业务猛增,其时的北洋政府为适应上海邮政业务发展,也为了能逐步地消除外国人对中国邮权的控制,决心建造一幢大楼,取代租用的"新厦"。

大楼营建由邮政局英籍邮务长希乐思负责,在大楼选址上,希乐思主张建在租界内,中国政府执意建在火车站附近,经多方论证,最后选定位于市中心与北火车站之间的四川路桥北堍。大楼由英商怡和洋行建筑师思九生设计,施工建造由余洪记营造厂总承包,大楼的土建工程、电气工程和钟楼两旁的雕像等,分别由孙福记营造厂、美电洋行、美术工艺公司承包建造。工程于1922年12月动工,1924年年底建成,邮政大楼占地面积6500平方米,建筑面积2.53万平方米,钢筋混凝土框架结构,地价和造价总共320万银元。这幢大楼被称为"SHANGHAI DISTRICT HEADPOST OFFICE",译为"上海邮政总局"。

上海邮政总局大楼整体建筑呈"U"字型，地面建有4层，另有地下室1层，共有大小房间187间。大楼具有19世纪初流行于欧洲的折衷主义[1]建筑风格，大楼外观为英国古典主义风格。上海邮政大楼是至今保存最为完整的、我国早期自建的邮政大楼，与1915年的天津车站邮政大楼、1922年的北京天安门广场邮政大楼并称为全国三大邮政大楼。后两座大楼现已不复存在，因此，上海邮政大楼的历史价值更加重要。

一、从酝酿到决策建楼

自1878年中国近代邮政创办后，上海邮局一直设在

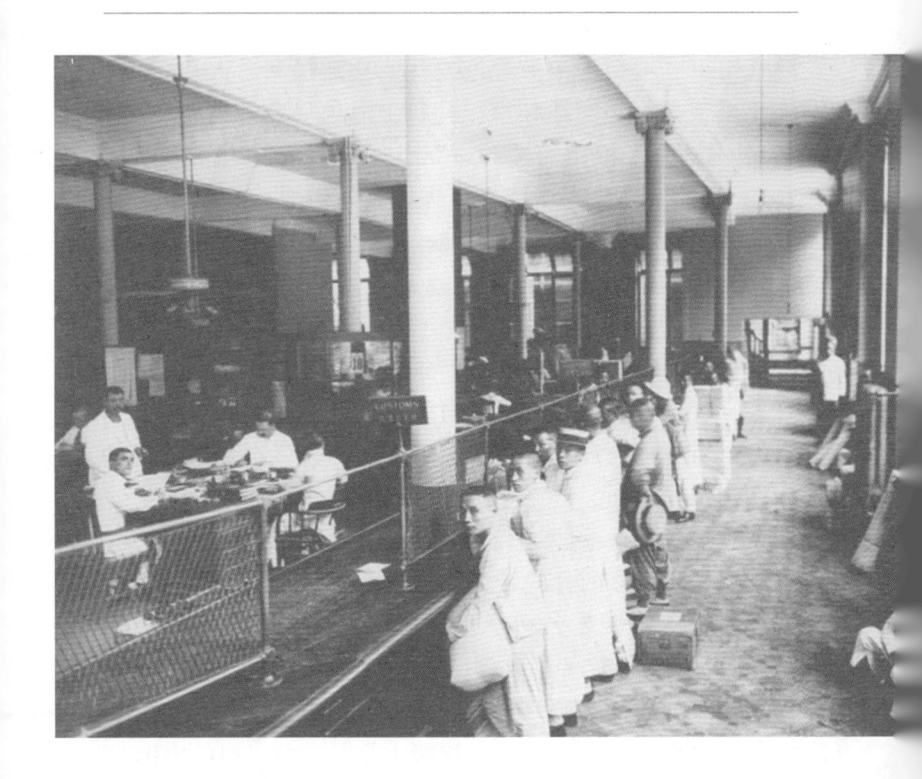

1908年，上海邮政总局中外员工在北京路9号的合影
（上海邮政博物馆提供）

北京路9号上海邮政总局内营业厅（上海邮政博物馆提供）

外滩江海关内,数间房屋,即敷办公。1897年,上海大清邮政正式成立,仍在海关内办公。经历十年,未尝他徙。惟自铁路与邮差、邮路扩张,加以全国各处,均新设邮务局所,而各该局所增添之邮件,概须经由上海转寄,于是上海邮局遂为各处邮局转寄邮件之要极,需要宏广屋宇,故于1907年11月4日,上海邮政总局租用英国怡和洋行建造在北京路9号的"新厦"(今北京东路、四川中路东北转角处)后,才从海关后院迁出。

1843年11月17日,上海开埠。虽然,在最早开放的五个通商口岸中,上海的行政层级最低,但开埠后,上海所具有的地理优势便立即显现出来。地处太平洋西环航线要冲的上海,成了发展与世界航运贸易的理想港口:它北与日本的东京、大阪地区;东与美国的旧金山、洛杉矶地区;南与中国的台湾、香港,以及新加坡,距离都较为适中。通过长江、黄浦江、大运河等内河网络,它又与广大的中国内陆地区相联系,成为内外贸易的中转枢纽。到20世纪初期,上海已形成内河、长江、沿海和外洋四大航运系统。1909年沪杭铁路通车后,上海更有了联结内地的铁路干道。便捷的交通为邮政业务的开拓提供了必要的前提条件。上海开埠通商后,英国商船开始进入上海港贸易经商,外国侨民亦陆续进入上海。1843年底,在上海登记居住的英国人有25人,绝大多数是商人和传教士。8年后,这个数字上升到265人。上海开埠初期的对外贸易主要由外商洋行进行。1843年,上海租界有4家洋行落户,1847年,开设了24家进出口洋行,1852年增加到41家[2],这些洋行都需要大量的邮寄业务。1851年,太平天国起义,上海周围地区战火不断,大批江浙难民涌入上海,带来丰裕的资金、众多的廉价劳力和消费者。加上江南制造局、轮船招商局、机器织布局等大型企业的建成,加大了上海对外地人口的吸引力。上海开埠时人口为54万人,同治四年(1865)近70万人,光绪二十六年(1900)已超过100万人。[3]人口的激增,带来上海经济、社会、文化的繁荣发展。总之,上海经济发达、交通便利、人口密集、文化繁荣,对外交往频繁,使得上海邮局业务迅速发展。1907年,原来租用的"新厦"已显得不敷使用。特别是1922年客邮撤废后,邮政大楼的业务猛增,其时的北洋政府为适应上海邮政业务发展,也为了能逐步地消除外国人对中国邮权的控制,决心建造一幢大楼,取代租用的"新厦"。

1922年12月20日的《申报》介绍了《西报之上海中国邮局扩充谈》:

> 大陆报云,客邮撤废后,本埠中国邮政局业务,势将大增,但据邮务司言,该局仍能胜任愉快,不致有所愆误,预计将来该局所增业务,至多不过百分之二十五。今上海外国各邮局所管邮件、共计不过该局百分之十,只须增添人员、扩充办公地方,此层不难办理。目下该局办公地方所增二万方尺,盖借用前英国邮局房屋,约得八千方尺,又赁北首栈房一所、计增一万方尺,此外再将局内各部办公地方重行配排,不难腾出余地,而仍不减办事之效能,新增信箱一千二百只,刻方从事安排,并预备再增一倍之地位。至于局内人员,自英邮局于十二月一日收束后,即录用其全部华员,而一月一日美邮局撤废后,亦将雇用其原有华人,此外该局复调用谙熟西语久办外邮人员多名,故已足敷办公。按照华会条约,目下将闭未闭之邮局,尚有美法日三所,日局邮件极多,接收后最为难办,他日或将在英局旧址内另辟一部,专办日邮。四川路桥堍该局新建房屋,将于一九二四年落成,其规模之闳大,将为全国邮局冠,足资此后多年业务发达之需,且苏州路方面于原定图样外尚多空地一百尺、亦堪供最后扩充之用云。[4]

1924年2月23日的《申报》提到因收回客邮后,业务发展较快，房屋不敷应用，邮务不能迅速办理，公众深感不便，因此择地建新楼，且提出了邮政局办理全部邮务，定为中区、西区、北区等，以方便递送。划分投递区编号方法，即邮政编码的雏形。

字林报云，上海邮政总局现占之办公房屋，建筑于一九○六年，租期二十年。当时金料在此二十年租赁期内，当毋需用此全部建筑。讵以邮务之非常发展，自收回客邮后，虽仍因陋就简，举凡必要之更张，犹未举办，而房屋已异常不敷应用，致一应邮务未能迅速办理，公众深感不便。此项故障，俟该局迁入北苏州路新屋后，当可尽行祛除，惟邮政当道。鉴于上海邮务之发展状况，总局房屋纵极廓大，终未克应日增之需要。现拟将全埠划分数区，各就相当地方，置一设备完全之区，邮政局办理全部邮务，定为中区、西区、北区等名目。全埠大约至少需分八区，此后邮件上地址可标明上海中区、上海西区等字样，俾中区邮局之拣信人员得以迅速从事，各区局皆派有相当人员办理全部邮务，包裹虽因须经海关检查征税手续，未能与他种邮件同样办理，然亦希望至少在某种限度下归区局收发，至各区与中区邮局皆用汽车运送，以资迅捷云。[5]

在大楼的选址上，北洋政府与上海邮务管理局的两任英籍邮务长李齐（W.W.Ritchie）和西密司（F.L.Smith）发生了分歧。北洋政府以运输便利为理由，希望将大楼建造在"华界"范围内的北火车站（今天目东路）附近，而李齐和西密司却持反对意见。有鉴于此，大楼选址之事便被搁置。1920年，英国人希乐思（C.H.Shields）接任上海邮务管理局的邮务长，并兼任建造大楼总负责人之职，他力主将大楼建造在"公共租界"范围内，其理由一是"公共

大楼建造过程（上海邮政博物馆提供）

1924年落成的上海邮务管理局新楼（上海邮政博物馆提供）

租界"内地价比较便宜,二是所选新址距离黄浦江边租用码头和北火车站都比较近,运输较便利。最后,经邮政总局批准,选定在天潼路和苏州河毗连处,作为自建大楼之用。这个地段正好介于车站与市中心区之间,又临近外滩和苏州河,无论水陆邮运还是商民用邮,都比较方便。这一占尽地理优势的位置,让邮件可以更迅速地被分拣、派发,提高了效率。

1921年的《申报》介绍了邮政总局的选址地点及优势,并特意提到了"中国邮政如此发达,不能不归功于创业之已故总税务司赫德爵士"。

> 世界新闻社译字林报去,闻中国邮务管理局,已发出布告,为另建上海邮政总局新屋一所,招人绘拟图样,以凭选用。此新屋基地,坐落北四川路及北苏州路转角。拟建五层楼西式房屋,屋顶将设钟楼一座,该屋占地约七华亩,或谓邮政总局之地点,与商界公众有直接密切关系。现在总局地点,适居全市中心,今新局移至该处,稍嫌偏僻,殊为可惜。但该局当事人对于公众,必有相当设备,在商业热闹之区,或将仍留中央局所一处,亦未可知。中国邮局,本年适当举行二十五周年纪念,此新屋始建,适丁此时,将来落成,与一八九六年最初创办邮政后之旧局相较,何啻天壤之殊。中国邮政如此发达,不能不归功于创业之已故总税务司赫德爵士,爵士具有远识、预料中国若设国家邮政,必能予人民以无穷便利。近年邮务异常发达,此一读邮务总办发表之年报而可以了然者也。[6]

1922年2月,上海邮务管理局购得四川北路北块的土地,并开始拆除购得土地内的旧屋。建筑大楼的土地分两次买进,总面积9.727亩,建筑面积25294平方米,建筑高度51.16米(不包括旗杆),总造价320余万银元全部由北洋政府支付。12月,开始兴建大楼。1924年11月,大楼竣工,12月1日,已迁入大楼的上海邮务管理局正式办公并对外营业。这幢大楼被称为"SHANGHAI DISTRICT HEADPOST OFFICE",译为"上海邮政总局"。

二、设计师思九生

"上海邮政总局"大楼的设计者是英国怡和洋行的建筑师罗勃·安尼士·思九生(Robert Ernest Stewardson),有的论著中译为申金生。

1894年至1898年,思九生在爱丁堡被罗伯特·麦克法伦·卡梅伦(Robert Macfarlane Cameron)录用。1900年,在威斯敏斯特的HM工程办公室工作一年;1901年,在威廉·爱德华·莱利(William Edward Riley)领导的LCC建筑师部门(伦敦郡议会建筑师部门)工作了一年;1902年,到乔治·霍恩布尔(George Hornblower)工作三年半,霍恩布尔说思九生是"建筑协会的不懈追求的学生"。

1902年,思九生荣获安德鲁·奥利弗(Andrew Oliver)奖,获奖原因是他对历史建筑精确的测量绘图和素描。1902年6月,通过了英国皇家建筑师协会(Royal Institute of British Architects,简称RIBA)中级考试。1904年6月,通过了RIBA期末考试。1904年12月5日,思九生成为英国皇家建筑师协会非正式会员,随后进入英国的公共服务部门。他首先在英国皇家工程学院工作,然后在伦敦县议会任职,其后在南非布隆方丹为奥兰治河殖民地公共工程部门工作,1905年8月,受聘为制图员。1908年,他到上海,担任沃尔特·斯科特(Walter Scott)的助手和首席助手。[7]沃尔特·斯科特,1889年来华,1890年成为玛礼逊洋行合伙人(Morrison, Gratton & Scott),1910年退出玛礼逊洋行。玛礼逊洋行于1913年左右解散。

1913年,思九生独立执业。1921年,成为英国皇家建筑师协会建筑师。1919年至1928年,与斯彭斯(Herbort

Marshall Spence,1883—1958）合伙成立思九生洋行,后者曾是其工程办公室的前同事,1911年派上海分公司,曾在英商玛礼逊洋行工作。

思九生是怡和洋行建筑师,这与他设计怡和洋行的一些建筑经历相符。1928年,斯彭斯离开思九生洋行(加入新马海洋行),思九生洋行更名为"Stewardson,R.E."。1933年,思九生在上海市工务局登记为建筑技师。1938年,思九生洋行关闭。

思九生洋行在上海的历史仅19年,却留下不少优秀的建筑作品。思九生洋行的已知作品多为新古典主义风格,住宅则以英国乡村式为主,如位于武康路99号的正广和洋行大班宅（Macgregor Villa,1926—1928）,属于英国乡村住宅风格。其他代表作有怡和洋行大楼（The EWO Building,1920—1922）,怡和洋行大楼占地面积1987平方米,建筑面积15000多平方米,带有折衷主义风格。1931年建造的位于北京路胶州路口的共济会堂,也是思九生的作品,属新古典主义风格。

怡和洋行大楼

思九生洋行在上海的作品也表现出某种巴洛克风格的影响，如怡和洋行大楼和上海邮政总局都带有巴洛克建筑风格。怡和洋行大楼立面为新古典主义风格，中部有四根科林斯巨柱式壁柱，贯通三至五层。怡和洋行大楼的转角处理、基座的粗糙花岗石大石块贴面均具有巴洛克风格。

三、营造公司

上海邮政大楼的施工建造由余洪记营造厂总承包，大楼的土建工程、电气工程和钟楼两旁的雕像等，分别由孙福记营造厂、美电洋行、美术工艺公司承包建造。

第一次鸦片战争后，上海开辟了租界，人口增加，建筑需求量大。再加上外贸业务的发展，西方新型建筑材料借机大量倾销，为新型建筑提供了条件。众多因素促进了近代上海建筑业的发展。19世纪60年代，上海较早的一批外商洋行在经营贸易的同时兼营房地产业，如英商番汉公司、汇利洋行、汇广公司、德罗洋行、法商法华公司等。还有国内早期民族资本家谭同兴、叶澄衷、周莲堂等人在办实业中发了财，也投资房地产。上海城市早期的房地产业与建筑业结合，"建筑房地产"成了当年的热门行业。1880年，川沙人杨斯盛开了杨瑞泰营造厂，这是上海第一家独立的近代工程施工组织。营造厂按照西方建筑公司办法进行工商注册登记，采取包工不包料或包工包料的形式，接受业主工程承发包。内部只设管理人员，劳动力临时在社会上招募，营造厂主与水木工匠为雇佣关系。第一家营造厂出现后，其组织形式、经营方式很快被建筑行业所接受。不久，在杨瑞泰营造厂管理人员中，从洋行建筑房产部雇用的建筑管理人员中分化出第二批近代施工队伍组织者。19世纪末，余洪记营造厂与上海早期的顾兰记、江裕记等著名营造厂并驾齐驱，余洪记营造厂的余积臣成为上海建筑业中绍兴帮的翘楚，余洪记营造厂相当于当时房地产界的黄埔军校。

余积臣（1862—1930），浙江余姚人，字有增。祖上木匠世家，早年随父余洪源到上海学习木工技艺。木匠有粗木匠和细木匠之分，粗木匠即营造房屋的木工，细木匠为做家具的木工。余积臣学的是粗木匠活，帮助业主修理房屋或新建房屋。上海租界内出现中西结合房屋和西式房屋，基本上是木结构或砖木结构，木工活占很大比重，是水木作主要工种。余积臣跟着师傅学放大样、选配材料、锯木、立柱、上屋架，慢慢掌握了营造木匠的全套技艺。

当时上海刚发展，土木工程项目不少，缺营造工人，熟练工更稀缺。余积臣学了一些技艺后开始承包一些小项目，承建私人住宅。1895年，他创办余洪记营造厂，经营建筑营造业务，在同行业中以守信用、重质量著称，常常亲临工地检查质量，发现有问题，不惜工本，主动拆毁重建，使全厂上下养成较好的经营作风，受到委托造房业主信赖，实力迅速壮大。

20世纪二三十年代是余洪记营造厂的鼎盛时期，先后承建了上海跑马总会大楼、淮海路杨氏公寓、四川路汇丰大楼、福建路电话局、沙泾路工部局宰牲场、上海邮政大楼、南京金陵女子大学和杭州亚细亚火油公司。余积臣也成为蜚声沪上的营造商。

余积臣在晚年将业务托付给徒弟孙德水和儿子余松奎后，散居上海和杭州两地。余松奎继任父业后，在马

工部局宰牲场

来西亚柔佛建造的政府大厦，宏伟壮丽，被当地称为"皇宫"；在四川成都建造的励志社大楼，现为中共四川省委办公大楼，为四川省著名近代优秀历史建筑之一。1931年，接连承接下众多重要项目的余洪记营造厂，开始进军马来西亚地产市场，在柔佛承建了政府大厦，这也是上海有记载的中国营造企业首次跨出国门承包工程。

余积臣这位早期浙江营造业家，与本帮建筑营造业家携手合作，为上海这座万国建筑博览会国际城市，献出了他一生的才华，于1930年不幸病逝，享年68岁。

除了经典项目之外，余积臣最为人称道的是培养了一大批职业经理人，同时鼓励他们自立门户。这在当时的家族商业氛围中，多少有些另类。比如在建造上海邮政大楼时，余积臣聘请陶桂林（1891—1992）担任工地主任。1922年，陶桂林便凭借着三万银元的酬劳，创办馥记营造厂，先后承包宝隆医院、公和祥码头、杭州浙江农业大学、青岛海军航坞、南京馥记大厦、灵谷寺阵亡将士纪念塔、贵溪大桥、重庆美丰银行、抗战期间重庆几个兵工厂等项目，业务遍布全国各地，其中最著名的几个项目是承建广州孙中山纪念堂、南京中山陵三期工程、上海国际饭店、上海大新公司。陶桂林被称为建筑大师，曾任南京、上海、重庆营造同业公会理事长。1947年，全国营造业同业公会联合会成立，陶桂林当选为理事长。

上海国际饭店是由邬达克设计的远东第一高楼，外国营造商认为这样的摩天大楼只有他们能造，因此投标书漫天要价，结果没想到华商上海馥记营造厂敢于应战，且报价大大低于外商，最终中标。因为做过上海邮政大楼工程，陶桂林胸有成竹，他成立坚强的管理班子，组织好施工的各个环节。他将桩基部分分包给专做基础工程的康益洋行，因为康益洋行做过杭州钱塘江大桥打桩工程，有专用的机器设备和熟练的工人。他又将钢框架结构部分分包给中华造船厂，但待开工时，德国专家迟迟未到，延误了工期，于是陶桂林决定自行安装，在征得业主同意后开始

上海国际饭店

安装钢架工程。待西门子洋行专家到沪时,钢架工程已安装到 11 层,而且完全符合要求,令专家大为惊讶,不得不佩服中国工人的聪明智慧。工程仅用 22 个月时间,高质量完成,轰动了上海滩,陶桂林由此蜚声海内外。

馥记营造厂从小到大,1944 年,馥记营造股份有限公司成立,鼎盛时期职工达两万余人,年完成工程款几百万银元。20 世纪 30 年代,馥记在上海、南京、重庆设立分支机构,它的广告语是:"本厂为现代有数之建筑专家,富有工业技巧化之经验,具为现代建筑美术化之先导。"[8]1949 年,陶桂林到台北开办馥记公司,任董事长兼总经理,承建台北松山国际航空站大厦、中山科学院等。1967 年,他获得台湾"十大优秀营造企业家"首奖。其长子陶锦藩在巴西开设馥记营造公司。

孙福记营造厂,是余洪记营造厂余积臣的大学徒孙德水创办的。孙德水(1890—1975),浙江余姚人。1907 年入上海余洪记营造厂,拜余积臣为师,显示出经营管理才能。余积臣视他如子,悉心培育,尽授营造业诀要,以后又任孙德水为经理。孙德水也不忘师之期望,在余洪记营造厂的业务发展中起到重要作用。1921 年,他主持了南京金陵女子大学的建筑工程(现南京师范大学),在运用现代建筑技术发展中国传统建筑形式上作了大胆尝试,使之成为中国传统宫殿式近代建筑的典范之一。1922 年,上海四川北路桥塊的上海邮政大楼开工,孙德水为主施工。1925 年,主持建造南京路上的上海跑马总会大楼(解放后为上海图书馆）。当时春季赛马刚结束，业主要求赶在秋季赛马前建成，时间仅有半年。孙德水算度精细，道道工序紧扣，拆老屋时，四只角用卷扬机牵拉，一天拆光。他吃住都在工地，亲自指挥，有问题及时向张继光等营造界老前辈请教。装修如此高级复杂的大楼在半年内如期告竣，孙德水因此名声大振。

1930年，余积臣逝世。孙德水对恩师忠心耿耿，谢绝多方邀请，扶助余积臣的儿子余松奎。为保住余洪记的牌子，又先后建造了一批工程，较重要的有外滩中国银行地基、淮海路上的杨氏公寓、四川路上的汇丰大厦、福建路上的上海电话公司总局、溧阳路上的现代化屠牲场以及南京英国大使馆等。孙德水还在租界内建造了大批公寓、住宅并出售，从事营造房地产业，实力迅速增强。抗日战争胜利后，上海建筑业萧条不振，孙德水将经营重心移至香港、曼谷等地，获得了巨大的发展。1949年，承建泰

上海跑马总会大楼

国曼谷机场。20世纪五六十年代,香港的重大工程如怡和大厦、於仁行(现太古大厦)、五星级的文化酒店、香港最繁华的中环皇后大道,以及几条重要大道上的一些大建筑,均是孙福记营造厂所建,孙德水亦成为香港建筑界的风云人物。

四、远东第一大厅

上海邮政大楼建成后,《申报》曾撰文称其是"中国之一大建筑":

> 上海邮务管理局,自迁往北四川路桥新屋子后,新房内之最下层□印刷邮件间及小包课、二层楼□邮票购买课、汇兑课、快信课、贮□课、拣信课及事务所等,三层楼为监理处、局长室,至四层楼与最上层楼,则皆为服务邮局之外国人住宅。闻此邮局之工程,建筑几及两年,共需费约四百万两,实为中国之一大建筑。现邮局在上海共有支局二十一所,苦力五百余人、信差七百余人、邮务生五百人、邮务员三百余人、邮务官及其他各执事人员约二百余人,统计不下二千人,因上海邮务之发达,尚时感人力之不足云。[9]

上海邮政大楼整体建筑呈"U"字型,地面建有4层,另有地下室1层,共有大小房间187间。大楼具有19世纪初流行于欧洲的折衷主义建筑风格,大楼外观为英国古典主义风格。正门在北苏州路和四川北路的转角处,正门的两旁各有一个边门。北苏州路一侧设有两个门,还有一个汽车进出的大门。四川北路转至天潼路一侧也设有三个门。上海邮政大楼正门的两面,均为建筑的主立面,墙面为细粒水刷石粉面,而天潼路的一面,则为机制红砖墙。在北苏州路的主立面,有贯通三层的科林斯立柱11根,在四川北路和天潼路转角的主立面，有贯通三层的科林斯立柱8根。

上海邮政大楼最为醒目的部分，是耸立在正门上方的钟楼和塔楼，为17世纪意大利巴洛克式。钟楼高13米，正面镶嵌着一直径达3米的大钟，钟楼基座两边各有一座水刷石面的火炬台雕塑。钟楼上面是塔楼，塔高17米，呈四角形，有弧形的栏杆、复杂精细的线脚、弯曲的檐口和塔顶。塔身有四面门框，门边两旁有成对典雅端庄的爱奥尼式双柱，塔顶有旗杆，杆高8.2米，塔楼两旁则各有一对希腊人水泥石料雕塑群像，这是上海邮政大楼的一个显著标志。雕像群各为三人，相依而坐，看似相似，实则各有不同。一组雕像，分别是手持火车头、飞机和通信电缆的模型。另一组雕像，中间是希腊神话人物中的通信之神赫尔墨斯，戴有翼帽，手执双蛇缠绕与信鸽之杖，脚生翅；左右则是爱神厄洛斯和阿佛洛狄忒，分别手执笔和书信，边上有一地球，象征着邮政是连接人类感情的纽带。

雕像由美术工艺公司承造，共耗银7500两。这样两座有价值的雕像，在"文革"初期被当作了"四旧"强行拆毁。拆下的雕像被扔在四川北路上，据说被一个美术学校的学生于晚间偷偷搬走，其中头像被制成了石膏模型，总算部分地保存了下来。

天潼路一侧原为包裹领取处，北苏州路汽车进出大门以西是报纸等印刷品的传递部门，包括地下一层所在。天潼路一侧的地下层原称为工部间，即本市投递信件处理部门，转角部分为信箱间，有信箱数千只，供商行和个人租用。北苏州路汽车进出大门以东的地下层为邮件邮袋贮藏部门和邮袋清退、请领部门。转角处入门有石级至一圆厅，两面有扶梯至二楼营业大厅，厅两旁皆为大理石柜台，面积达1200余平方米，有"远东第一大厅"之称。大厅以大理石铺地，两边均为大理石柜台，柜台上装有精致的铜质栏杆，大厅十分气派和华丽。展开的两翼均设计为通层的科林斯柱支撑的玻璃墙面，一般认

上海邮政大
SHANGHAI POST OFFICE

邮政大楼天潼路395号大门（上海邮政博物馆提供）

科林斯立柱（上海邮政博物馆提供）

为，科林斯柱的长与粗的比例接近于西方女子手臂长与粗的比例，在建筑上多用于表示女性之美及细的性格，建筑师用建筑的语言告知人们邮政的要领在于安全、迅捷。营业厅三楼是中间走廊周边为办公室的设计，四楼是高级职员的宿舍。室内装修富丽堂皇，地面有马赛克铺地、水磨石、水泥地等三种。这座大楼建成后，曾是远东第一流的邮政建筑。

上海邮政大楼是一幢具有独特风格的宏伟建筑，是一个把不同建筑风格混合运用的成功范例。雕塑代表交通和邮政通信，古典柱式代表公正，巴洛克式钟塔表示华贵，

邮政大楼钟楼雕塑（秦战摄）

保险信件处
INSURED LETTERS

远东第一大厅（上海邮政博物馆提供）

邮差骑着"兰令"自行车送信(上海邮政博物馆提供)

这体现了当时主持建筑者的审美意图,既显示了上海邮政总局的富丽堂皇,又表示它是公众的信使,是联系公众之间感情和信息的纽带,对用邮者是平等和公正的。

上海邮政大楼是至今保存最为完整的、我国早期自建的邮政大楼,与1915年的天津车站邮政大楼、1922年的北京天安门广场邮政大楼并称为全国三大邮政大楼。后两座大楼现已不复存在,因此,上海邮政大楼的历史价值更加重要。

注　释

1. 折衷主义（Eclecticism）是19世纪上半叶兴起的另一种创作思潮，在19世纪末和20世纪初曾在欧美达到顶峰。折衷主义建筑没有固定的风格，讲究比例权衡的推敲，任意模仿历史上的各种风格，并将它们自由组合成各种式样，注重纯形式美，也被称为"集仿主义"。
2. 伍江著：《上海百年建筑史：1840—1949》，同济大学出版社2008年版，第28页。
3. 上海通志编纂委员会编：《上海通志》第一册，上海社会科学院出版社2005年版，综述。
4. 《西报之上海中国邮局扩充谈》，《申报》1922年12月20日，第13版。
5. 《上海邮务未来之计划　拟将全埠划分数区》，《申报》1924年2月23日，第14版。
6. 《沪邮局建造新尾消息　地点定北四川路北苏州路转角　招人绘样选用》，《申报》1921年12月16日，第14版。
7. http://www.scottisharchitects.org.uk/architect_full.php?id=205320.
8. 娄承浩、薛顺生著：《上海百年建筑师和营造师》，同济大学出版社2011年版，第171页。
9. 《新邮局内部之分配　所属办事员约二千人》，《申报》1924年12月03日，第11版。

SHANGHAI POST OFFICE BUILDING

上 海 邮 政 大 楼

第二章　从和平到动荡时期

日寇入侵，中华民族遭劫，上海邮政亦受难。虽然在太平洋战争爆发前，甚至日伪正式接管前，上海邮政当局尚能在一定程度上听命于国民党政府，在形式上承担代行管理上海几近沦陷区邮务的工作，并在抗战初期的护邮中有所动作等。然而在日寇控制的沦陷区中，日本侵略者任意越界进入，通过任用日籍人员做邮政高级职务、派检查员和"不列等邮务员"进入邮局等方法来实际掌控邮政。留守在沦陷区邮政岗位的上海邮局员工身处困境，历劫受难，组织邮工，抗日救亡。

一、邮务长们

中国近代邮政在开办后一个相当长的时期内，一直由外国人掌权。不仅全国邮政总办是外国人，各邮区的主管也都是外国人。上海邮政自1897年正式开办时算起，至1943年6月的46年时间内，历任主管全是外国人。先后出任上海邮局邮务长的共有18人，其中12个是英国人，3个是法国人，1个是美国人，1个是俄国人，1个是挪威人，就是没有一个中国人。[1]

1943年6月，上海邮政管理局法籍局长乍配林（A.M.Chapelain）被汪伪政府建设部辞退，另委邮务长王伟生接替，但实权仍掌握在日籍帮办高松顺茂手中。与此同时，汪伪政府还免去乍配林兼任的伪交通部邮政总局驻沪办事处主任之职，并将机构改名为"建设部邮政总局驻沪办事处"，委汪伪政府官员李浩驹为主任，但掌握实权的却是日籍副主任高木正道。从此，上海、江苏、浙江和安徽四省市中，被日本占领地区的邮政全受日伪统治，与在抗战后方的交通部邮政总局中断联系。

抗日战争胜利后，国民政府交通部邮政总局指派李进禄和王裕光于1945年9月接管上海邮政管理局，李进禄被任命为局长，王裕光为邮务帮办。1949年2月，李进禄退休，局长职务由王裕光兼代，直至上海解放。

邮务长薪金相当于国民党政府特任官级待遇，邮务长最高为800元，最低为700元，副邮务长最高为650元，最低为550元，但外籍邮务长则远远超过此数，他们"食丰禄、享优权，月之俸可抵吾华员数年之粮"。洋员与华员之间待遇悬殊，极不平等。1924年，最高薪额的信差工资仅银元37元5角，最高薪额的听差工资仅银元28元5角。而上海邮务长英国人希乐思月薪关平银1100两，外加房租津贴250两，共计1350两，合银元2025元，可以抵得上54个工资最高的信差或71个工资最高的听差月入的总和，如果与初入局的工资只有14元5角的信差相比，那就是1比140。至于希乐思乘坐汽车的一切费用，住宅中的花匠、厨司、仆役、保姆等的工资全部由公家支付，这些利益还没有计算在内。全面抗战前，外籍邮务长和副邮务长的工资分别为1200—1875元和1050—1200元。外籍邮务员的工资为675—1050元。[2]

这里，选取几位对中国邮政、上海邮政事业起重要作用的邮务长们作简略介绍。

帛黎（A. Théophile Piry，1850—1918），清末民初时掌有中国邮政大权的法国人。帛黎一家三代都曾在中国海关任职。1869年来华，任教于福州船政学堂。1874年，进入中国海关。1875—1877年，任京师同文馆法文教习。1878

帛黎任总办（《大龙邮票与清代邮史》）

年，在北海海关以帮办代理关务。1882年，在北京总税务司署代理汉文文案。1886年，奉调朝鲜海关执行特殊任务。1888年，回华任北京总税务司署襄办汉文案副税务司。1889年，任代理稽查账目税务司。1896年，任拱北海关税务司。1898年，受特别委托，在广州协商关于分界和在香港周围建立新的厘金税局。1901年，赫德辞职，帛黎任海关邮政总办。1911年5月28日，邮政脱离海关移交邮传部，第二天，帛黎即被任命为邮传部邮政总局总办。总办名在邮政总局局长之下，实为掌管中国邮政事务的实权人物。帛黎任中国的邮政总办，是法国与英国争夺控制中国邮政的结果。1906年清政府成立邮传部时，法国政府趁机要清政府履行先前"只要将来中国派大臣专管邮政，就得请法国人来同办"的许诺。赫德之后，中国的邮政大权即由帛黎操纵，直到1917年帛黎告退。邮政总办一职由铁士兰接任。次年

第二章　　　　　　　　　　　　从和平到动荡时期　　37

7月10日,帛黎在法国逝世。

1918年《中国邮政事务总务论》一书中,对帛黎的评价如下:"帛黎总办综理邮政,几自邮政创立之日为始,今邮政之所以底于现实发达及精善地步者,乃因帛总办心力之所致,实较其他人为之多,盖帛总办于海关服务27年后,自前清光绪二十七年任为邮政总办,隶属前税务司赫德以来,所有生平心力,专注于邮政之利益,并将前总税务司原定之扩张办法妥慎进行,且于各项困难纷扰之中,引导邮政,俾克成就,适至禀承本部充任邮政总局总办,综理一切,亦复奋斗有方,出其干才宏识,以当重任。"1921年,《中华民国十年邮政事务总论》一书中,将帛黎与邮传部首任尚书(部长)盛宣怀、邮政总局首任局长李经方及首任总邮政司赫德,列为"四先贤",四人照片并举。帛黎将清伦敦版蟠龙图邮票加盖"临时中立"。当时所谓的"中立",正是各国驻华使节共同决定的态度,由此也可以看出帛黎是个列强国家的代理人。当时,南京临时政府交通部呈报孙中山大总统文中写道:"……邮政现名为中国自办,实则此种实权,仍操在北京邮政总局法国人帛黎之手,帛黎遇事把持,久为国人所共恨,则如此次起义,南方未能统一之时,帛黎竟敢将前清邮票,私印'临时中立'四字,交局发行。后经本部员司向南京、上海各邮局一再阻止,始寝不发。彼之藐视主权,意图向越,野心勃勃,已可略见一斑。不料清廷逊位后,帛黎复电各省邮局,仍令发行,尤为轻蔑民国之铁证……"[3]

葛显礼(Henry Charles Joseph Kopsch, 1845—1913),英国人,清代海关外籍官员。1862年进中国海关。1867年,任副税务司,颇受赫德倚重,历任镇江、台南(安平)、上海、牛庄(营口)、九江、北海、宁波、淡水等海关税务司达32年。1891—1897年,为总税务司署上海造册处税务司。1896年3月20日,经光绪皇帝朱批,开办国家邮政,葛显礼被委任为海关造册处税务司兼邮政总办,是中国邮政史上第一任邮政总办。1900年,辞职回英国。葛显礼在中国服务近40年，清政府给他文官三品的荣衔，赏一等三级双龙勋章，英国政府赐他"骑士"勋位。[4]

葛显礼为建立中国近代邮政制度曾多次上书赫德等人，1885年，其据《香港英国信馆通行条规》译拟的《邮政局寄信条规》，由宁波海关文案李圭经宁绍道台薛福成、南洋大臣曾国荃，呈报李鸿章。1886年，又提交《由海关揽办邮政局》呈文。其就任邮政总办之初，即要求开办汇兑，因这项业务需要高面值邮票，由此催生红印花加盖邮票。葛显礼极力主张将龙邮票交由日本印制，由其构思，并由费拉尔着手绘制。据葛的呈文说："图稿No.2，用花卉替代图案是仿自我这里一个瓷花瓶上的样式。"费拉尔为印制邮票去日本后，在给葛显礼的不少信件中，描述了日本版蟠龙邮票的制版过程。赫德后来致函金登干说："我对于葛显礼为了省钱去日本印制的主张让步的原因之一是我相信日本人印制龙、鱼、鸟型，尤其是中国学要比在英国方便些。"[5]

乍配林（A.m.Chapelain,?—1944），法国人。于清光绪三十一年（1905）来华，进入中国大清邮政工作，1927年，任上海邮区副邮务长，不久至湖北邮区任邮务长之职。1931年2月，擢升上海邮区邮务长，1936年，兼任第二无着邮件处主任。1938年3月，任沪、苏、浙、皖联区总视察，并兼任处理长江以南沦陷区的邮政总局驻上海办事处主任，1940年，又任邮政总局额外副局长。在抗日战争期间，他支持邮政员工反对在邮局悬挂伪南京维新政府的五色旗；作为中华邮政外籍人员，他忠于职守、勤于处事，设法重振业务，开通邮路，利用自己在法国的外交关系，使处于"孤岛"状态下的上海恢复与外界的邮政通信。《敌寇暴行录》提到："现在上海人的意见是政府外籍雇员中只有邮务长乍配林是尽职的，这话真一点也不错。"

1940年1月，乍配林接受日伪当局提出的在华中和华南各沦陷区的邮局收受日元和日本军用手票等要求，8月对兴亚院华中联络处提出的要求邮政总局上海办事处听命于汪伪政府一事则尽力拖延，引起日伪当局不满。1943年6月

21日，汪伪政府建设部接管邮政总局上海办事处，免去乍配林主任职务，委派汪伪政府官员李浩驹接替。乍配林被免职，于1944年在上海逝世。[6]

王裕光（1900—1968），号幼常，江苏上海县（今属上海市）人，毕业于上海南洋中学。1920年，考取上海邮局为见习邮务生，供职于包裹业务部门。1929年起，历任包裹领取处监理员、支局长、大宗包裹组组长和包裹收寄组组长等职。1939年，奉调昆明邮政总局业务处。1942年，任业务处运输课主任。1944年，晋级为一等一级甲等邮务员。抗日战争胜利后，协助局长接收上海邮局，晋升为署副邮务长，任上海邮区邮务帮办兼设计考核委员会副主任、设计组组长等职。王裕光就任后，着手振兴邮务，推行新政，如开设火车、轮船、汽车行动邮局，开放窗口通宵服务点，设立示范邮局和简化加速邮件处理手续等，迭获社会好评和上级嘉奖记功，并提前晋级。1949年3月，王裕光奉命暂代上海邮局局长，抵原局长退休之缺。当时中国人民解放军挥戈南下，上海解放指日可待，王裕光在中共邮局地下组织的教育推动下，带动一批高级职员坚守岗位，与邮务工会共同组成护局委员会，自任主任。王裕光以成立消防总队的名义，公开发布局谕，号召职工参加消防、纠察、交通、救护和供应等分队，并公开地进行消防和救护演习。此事引起国民党上海警备司令部的注意，司令部派人前来查问。王裕光等出面承担责任，说明是局方为保护局产和人身安全而为，未致引发事端。1949年5月25日，上海苏州河以南地区已获解放，国民党军队缩踞在桥北几个据点内顽抗，邮政大楼为其中之一。王裕光在中共地下组织领导下，与两百多名职工一起留宿大楼，共同护局。王裕光受上海市代市长赵祖康之托，向楼内国民党驻军转达人民解放军的劝降令。在解放军强大的军事压力和护局职工的共同努力下，时经二昼夜，终于取得劝降的成功，邮政大楼被完整地交到人民手里。

上海解放后，王裕光先后担任上海市邮局副局长和上海市邮电管理局副局长等职。1957年，王裕光参加中国国民党革命委员会,任民革市委常委和上海市第四届政协常委,推动民主人士学习政治,开展爱国活动,关心祖国和平统一,积极参加对台宣传工作。

"文化大革命"中,王裕光受到迫害,于1968年9月21日去世。1978年12月19日,上海市邮电管理局举行王裕光骨灰安放仪式,为其平反昭雪,恢复名誉。

王伟生,1892年生于上海,1910年毕业于上海高级学校。1911年6月,到上海邮政管理局工作,历任秘书处主任,副会计长,东川邮政管理局会计长,苏皖区怀宁一等邮局局长,邮政总局供应处副处长,上海邮政管理局区副邮务长,局长帮办兼本地业务股股长。1943年,上海邮政管理局局长法国人乍配林去职,由王伟生继任。

二、老上海的"铁饭碗"不好捧

1878年,江海关试办邮政时仅有3名工作人员。上海大清邮政局建立后,增至50人左右。清政府被推翻前,上海邮政职工总数增至689人。至八一三淞沪会战之前,上海邮政职工共有3582人。

民国时期,邮政职工开始进行分类管理,从上至下分成邮务官、邮务员、邮务生(以上是职员序列)、拣信生、信差、听差、额外听差(相当于实习生)、邮差、邮役、杂役(以上是工人序列),总共十等。邮务长、副邮务长(1936年起改为局长、局长帮办)属于政府的特任官员,不在此列。1928年起,邮务官、邮务员改称甲等邮务员,邮务生改称乙等邮务员,拣信生改称邮务佐。

邮政职工的薪水是按照职务等级确定的。1924年,一个刚入邮局的信差工资为银元14.5元,资深的信差最高工资为37.5元。这是个什么概念呢?当时市面上一包25公斤的面粉是2块多钱,1斤烟台苹果约2角左右。如此算来,信差的收入解决基本温饱不成问题。信差还是低阶的职员,邮务生、邮务员、邮务官的工资更是以数百上千计算。

当时在上海，在海关工作的被称作端上"金饭碗"；在银行工作的被称为捧上"银饭碗"，而在邮局工作则是捧了"铁饭碗"。也有人说"邮政人员饭碗边上装了金，邮政人员的生活是四季皆春"，[7]当时人的描述虽有夸大之辞，但从侧面反映了邮局待遇确实较一般职业优厚。可见，在当时社会，邮局工作还是一份令人羡慕的好工作。因为邮局实行公务员制度，从职员到差工，一律招考录用。工资按工龄定期晋级加薪，职员经过考核，工作勤勉的可以缩短晋级加薪的期限；工作差的，要延长晋级加薪期限。工作上没有什么错误，不会失业。在邮局工作，"有志青年"，"认为正当职业之一种"。[8]在校学生在选择职业时，师长也常常劝导学生选择从事邮政工作。如一位中学校长指导其学生就业时说道："你的英文程度可以投考邮局，那边月薪比较丰厚。"[9]

传记文学作家陈纪澄描述了他的父亲很羡慕邮局职业，并希望他也能考进邮局工作。其作品中这样描述：

> 我同院住了两个王姓兄弟，都在邮局做事。我的父亲平时就羡慕王姓兄弟生活安定。从他们二人生活上看出邮局待遇优厚。父亲每次回家来，谈起职业来总是把在邮局做事的人啧啧夸奖一番。如何可靠，如何可以养家，做多少年后可以拿多少养老金。[10]

然而，想跨进邮政大楼上班也非易事。报考甲等邮务员必须具有大学毕业文凭，乙等邮务员必须具有高中毕业文凭，邮务佐必须具有初中毕业文凭。1935年，邮政人员的考试还被纳入考试院的特种考试范围。邮政人员考试分为高级邮务员（即甲等邮务员）、初级邮务员（即乙等邮务员）、邮务佐及信差考试四种。高级邮务员的考试由考试院办理，初级邮务员及以下人员的考试由考试院委托交通部办理，交通部又将邮务佐的考试委托所在地的邮政管理局办理。信差考试则由招用的邮政支局办理，但考卷须呈报上级邮政部门复核。有些老年信差回忆起早期上海邮局招考信差的经历，把它叫作"过三关":第一关是"相面",报考者进考场必须立正,主考人员对他们用眼光一扫,看中的留下来应考,看不顺眼的就失去了应考的资格;第二关是体格检查,主考官走到应考者面前,突然对他当胸一拳,如果应考者身体摇晃了一下,就算体检不及格;第三关是考自行车,场地上倒扣着3只箩筐,每只间隔很近,应考者要骑车以"8"字形在3只箩筐间穿行,不让车子碰着箩筐,才算合格。过了这三道关,并通过考试,才择优录用。[11] 可是,即便通过了国家考试,也不等于马上就能进邮局工作,要想穿上邮政制服还得视业务需要,按考试成绩次序分批录用。有时候,花钱疏通关系也是"家常便饭"。1937年,一个杨姓青年考取了信差之后,他父亲还用了60块大洋送礼,另外摆了3桌酒席宴请邮局的大小头目,才使其子顺利地进入邮局上班。

邮政大楼里的工作部门很多,但最忙的还要数工部间(1897年,上海大清邮政局接管工部局书信馆后设立,是上海邮政最早的投递部门)。工部间是邮政大楼内为洋人服务的重点部门。一般的邮政支局只配备一两名差长(工头),工部间却设了6个差长,每人管一条"路"(行业术语,即将整个投递区域划分成若干地段,每个地段叫一"路"),每条"路"有4个信差,每天上下午各出班3次,每隔3个礼拜才休息一天。

工部间的工作内容说起来十分简单,就是投递普通函件。其递送范围北起苏州河南岸、南至爱多亚路(今延安东路)、东抵外滩、西讫河南路(今河南中路)。这个区域正好是上海的金融中心,银行、钱庄、洋行比比皆是,函件数量之多可想而知。特别是每逢星期一,需要投递的信件简直是堆积如山,因为星期六下午和星期天,"写字间"都休假,这两天的信函全部留到星期一上午一起投送。逢到每月一次的水、电、煤账单出单的时候,握着一叠叠像云片糕似的账单挨家挨户投递,让邮差们头痛不已。

这还不算什么,工部间最繁忙的时候就是"吃公司"。旧时上海的国际邮件主要通过水路,随越洋轮船运来,这

上海邮政大
SHANGHAI POST OFFICE

1911年，上海邮差使用第一批自行车（上海邮政博物馆提供）

些外洋轮船大多由太古、怡和、昌兴等外资公司经营，故称"公司船"，邮局处理由"公司船"运来的国际邮件，俗称"吃公司"。从清代邮政时期起，邮局就立下这么一条规矩：凡洋大人的信件必须当天送完。每逢外洋邮船到埠的日子，信差的工时就变得没有限制，有时出班要送到凌晨一两点钟才能回家。邮局信差对自己的工作时间有一个形象化的说法："鸡叫出门，鬼叫进门。"1922年，在沪各国"客邮局"全部撤销后，上海邮政收寄的国际函件大增。要是遇到圣诞节，整捆整捆的邮件堆积如山，工部间里到处都是信函和印刷品，工作人员连插脚的地方都没有，只好在邮件上踩来踩去。

由于"公司船"装来的信件及印刷品来自世界各地，不仅量大，而且封装规格五花八门、形状各异，分拣、投送很不方便。有的印刷品的分量还不轻，一件重几千克是常有的事情，这样的印刷品都得与其他信件一起装入邮袋。所以，当年的邮袋规格比现在使用的要大1倍，1袋装不下，就再加1袋，一班装上五六个邮袋是常事。这么多的邮袋，一个人肯定搬不动，于是邮递员采用接力的办法：出班时先背上1袋，其余的留在局内，由差长指派他人按时送达指定地点。因为工部间的投递范围距离邮政大楼不远，所以没有配备自行车之类的交通工具，投信全靠步行。沉重的邮袋扛在肩上，工作强度不比码头工人差多少。天长日久，有的信差变成了"坍肩胛"，两只肩膀一高一低，走起路来的样子还一歪一斜的。

从清代邮政以来，一直推行一种保证金（押柜储金）制度，这种保证金实际上是一种变相的剥削。它规定新入局的员工必须交付保证金：拣信生以上为100元，信差以下为60元，保证金每月在薪金内扣除。1922年初，米价从7元上涨到八九元，低级职工生活正处于更加困苦之际，邮政当局竟宣布提高保证金标准。按照新的规定，拣信生的保证金从100元提高到200元，信差以下差工的保证金从60元提高到100元，每月扣除的储金从1元增加为2元。[12]

所以，老上海邮政的"铁饭碗"不好捧。

三、抗战时期的邮政大楼

淞沪会战，上海大军云集，上海邮局专门设立了军邮组，以方便战事所及频繁调动的军队用邮。上海邮政大楼所在地，位于战火中日寇警戒圈边缘，上海邮政管理局局长乍配林利用其法国籍，即所谓"客卿"身份，以需维持邮运业务为由，与日寇军事部门交涉，邮政大楼才得以被划在警戒线外。然而，上海邮政大楼只有苏州河边的大门可出入，其余东、西、北各门均关闭，同向玻璃被涂漆，员工被告诫不得向外瞭望。上海发生空战后，日寇对虹口区实行灯火管制，邮局晚间工作受到妨碍；即使日间，因邮政大楼地处危险区域，民众亦不愿冒险前往用邮。迫于环境压力，邮政管理局迁至愚园路157号临时办公处办公，管理局各部门酌留少量员工驻守邮政大楼，直至1938年3月5日，才得以迁回邮政大楼办公。对外营业时间均缩短为自上午9时至下午5时止；邮件处理部门（除运输部门外）改原早中晚三班为上下午两班。

太平洋战争爆发前，上海的租界成为日寇包围下的"孤岛"。国民党政府利用租界的特殊地位，还能与包括邮局在内的一些机构保持联络并发出指令。国民党政府交通部为了表示不放弃对沦陷区邮政的管理权，任命乍配林兼任沪、苏、浙、皖联区总视察，对这些邮区的邮务进行督导，并于1938年4月提出三条应对日寇的原则：一是不用日伪人员；二是不用日伪邮票；三是不与日伪方发生经济联系。为了便于应对日本占领当局，邮政总局批准了乍配林的建议，任命以日本驻沪领事馆为背景的上海储汇局日籍副邮务长金指谨一郎为上海邮政管理局局长帮办（加派）；日籍邮务员福家丰升任管理局总巡员。

日本占领当局虽然急欲接管尚接受国民党政府管辖的各机构，但是对邮局这一块，因有接管东北邮政，招致国民党政府利用此举以损害欧美列强的在华利益，通知联邮各国进行封锁，拒绝在上海交换邮件，从而引起国际纠纷的前车之鉴，日本占领当局拟采取间接控制来代替直接接管。于是日本占领当局借口邮局函件一向由国民党党部派员检查，日军亦应援例要求，并于管理局被逼令从愚园路迁回北苏州路后，即派驻以日寇军部为背景的日籍检查员22人，随意进出封发、投递、挂号、快递、印刷、联邮等各邮件处理部门检扣邮件。每日被扣邮件不下数万件，尤以印刷物为最多。

邮局地下党组织一面了解日伪方面和邮局上层的动态，一面加紧成立上海邮工护邮运动促进会，先按地下党组织的布置，由沈以行起草《上海邮务员工反对接收易帜响应海关宣言》声援5月海关的罢工护关运动。同月，又以《上海邮工护邮六大纲领》提出反对接受日伪管理、保障邮工生活、打击汉奸等多项条款，表达了护邮抗敌的坚定决心，兼顾了与邮务工会结成统一战线的需要，向邮政当局提出了解除后顾之忧的合理要求。又印发调查表，询问员工：一旦敌伪接管邮政，应如何对待？多数答复：一致撤退。显示了上海多数邮工拒绝日伪接收的决心。宣言、纲领和调查表被印制了数千份，以护邮促进会名义散发，给邮政当局、邮务工会也各送了一份。此次以互助社为主导的护邮斗争，不同于减薪斗争时，组织一批人去各支局宣传、发动，而是依靠已经壮大的互助社的成员，在各间、各支局进行发动。面对由互助社发起的护邮斗争，日伪方面在5月间未能有进一步的动作，是为5月护邮。

上海沦陷后，日伪对上海邮政的控制分三个阶段：第一阶段，日寇卵翼下的南京"维新政府"企图直接接管上海邮政，日寇因国际联邮等因素，未予支持。第二阶段，太平洋战争爆发后，日寇欲汪伪政权出面直接掌控上海邮政，却因汪伪政权嫌上海邮政乃至华中沦陷区邮政亏损日增，怕背包袱，采取只控制不接管，形成三方共管。第三阶段，重庆交通部邮政总局从1943年3月起，不再对上海邮政予以补贴，并断绝一切经济联系。拖延至同年6月，日伪才正式接收上海邮政，乍配林被免去上海邮政管理局局长职务，并被裁退。至此，自上海大清邮政局设立以来的46年共27任局长（或相当于局长的邮务长），由18位外籍人员即所谓"客卿"包揽的局面，以原局长帮办王伟生接替乍配林职务而告止，王伟生任职直至抗战结束。

抗日战争时期，上海与大后方的邮政联络维持未断，许多运送后方的物资是通过邮局寄递的。日本占领当局对邮政包裹控制很严，包裹交寄和领取要经过日本人严格检查，手续繁琐，但是仍有不少禁运物资逃避检查，被暗中寄发出去。

从《申报》看抗战时的上海邮政大楼：

> 今日"孤岛"上之国营机关，犹能于飘摇之局面下，维持其较为完整之机构者，厥惟邮政与海关而已。海关自悬挂五色旗后，旧时声势，渐形低落，而邮政独能沉着应付，兀然自持，推原其故，厥因有四，一曰国际之重视，二曰社会之关切，三曰邮政员工之奋斗，四曰邮政当局处置之得宜。四者缺一，邮政即不复能有今日之面目，斯盖可断言者。惟旁支细节，不无变动，国权民生，允宜留意，爰就所知，条述于后，题以"战时之上海邮政"，盖所以鉴往而别远也。
>
> ……
>
> **战时之迁移**
>
> 八一三战端既开，邮局因位处北四川路，接近日军防区，一时谣言义起，惟全体邮务员工，在局长领导之下，仍能镇静工作，除将沿北四川路天潼路一带大门紧闭外，内部工作，照常进行。八一四空战后，日军管制虹口区灯火，邮局晚间工作，既受妨碍，日间收发函件，因民众多不愿至危险区域，致工作清淡，而特区各支局，顿形忙碌，不得已，乃于八月十六日，由当局下令，将业务及经济部门，分迁至下列各支局办公：
>
> ㈠愚园路（即静安寺支局新址。）㈡马斯南路支局 ㈢江西路储汇局
>
> 而以愚园路为枢纽。至于临近战区之本埠各支局，

如：提篮桥、界路、北四川路等局，亦相继停办，各该局界下邮件，集留公馆马路、恺自尔路、卡德路、静安寺路等支局待颁。至于北四川路管理局，除大门紧闭外，各间仍逐日派员，轮流驻守，局长对于守局人员，曾以应具前线士兵同等之精神相勖，并谓驻守邮局，与防守战壕无异。故迁局动机，全为便利民众。战事难极激烈，管理局方面之驻守，未曾一日或辍也。

军邮之设施与解散

当战事激烈之间，四郊军队，驻扎甚多，为便利士兵函件之投递与转寄起见，二十六年九月间，乃有军邮组之设立，嗣因军队西撤，该组大部人员，亦随之以去，遂于十二月间，宣告结束。

员工薪给之折扣

抗战发动后，战区扩大，邮政经济，收入猝减，部令邮局员工薪给，于一月份起，除四十元生活费外，非战区六折，战区八折，至二十七年二月间，改订为除四十元生活费外，一五〇元以下八折，一五〇元至三〇〇元七折，三〇〇元以上六折，四月与五月间，又有两度更改，至六月间，复订正为除生活费四十元外，一九〇元以下八折，一九〇元以上七折，直至目前，尚无变动。二月间，又曾厘订疏散员工办法，分"遣散"与"居家候令"两种，当经全体员工反对，事未果行，而日人则乘间唆使汉奸，散发传单，意图鼓动风潮，从中渔利，卒因全体员工，深明大义，未为所愚，种种难关，均得安然渡过。[13]

抗战时的上海邮政大楼，并未因战争影响包裹投递，特别是寄往川、黔、滇三省之包裹，数量之多，为前所未见。包裹中，含有教育用品、中国药材、棉织物、化妆品与供内地大学学生应用之外国教科书等：

上海泰晤士报云，上海邮政总局昨日（十七日）

所收寄往川黔滇三省之包裹，数量之多，为前所未见。盖因滇越铁路上货物拥挤、不及载运者，已历四十日所致也。同时，由国内外寄来之大批包裹，亦已抵沪，昨日邮局之运输部异常忙碌。邮局职员、与苦力数百人忙于检点包裹，移入邮局栈房，载运包裹卡车首尾相接，自栈房驶往江海关，由海关检查人员检验包裹，然后载轮运往海防，总局入口处周围积有包裹数千件，途为之塞，且四川路桥与江西路桥间之北苏州路两旁，所积邮件，绵连不断。邮寄对象之多，由此可以想见。据昨向包裹间探悉，此等包裹中，含有教育用品、中国药材、棉织物、化妆品、与供内地大学学生应用之外国教科书等。包裹间某员声称，内地各城市需要文具与其他教育用品甚殷，在上海出洋一角可购之学校练习簿，在重庆购之，须五角之多。墨水在重庆、昆明与贵阳等地，价亦甚昂。每小瓶普通国货墨水，零售须洋五角左右，中政府虽禁运化妆品等奢侈物，但亦有大批化妆品，待运往昆明，而分销于内地其他城市。但大部份包裹中均为毛巾、床毯等棉织物。包裹运往海防停顿四十日，昨日始行恢复。截至昨日傍晚为止，经海关人员检验之包裹，约八千件左右。鉴于大批包裹犹积存邮局栈房中，闻包裹间与运输部职员或将每晚工作至十二时，历一星期有奇，始能将此等包裹运出。但本埠商人，每日仍有更多包裹，交邮局寄往内地。目前，仅有多数轮船由沪直驶海防。每轮限载包裹一千件，惟较大轮船或每次可载二千件左右，海防之邮局，范围颇小，对于广州陷落后，取道越南之大量货运，无力应付，且海防至河内至昆明之铁道，系属单轨，每日仅能运货数百吨，故益增困难。闻因此之故，海防邮政当局请本埠邮局当局致电预告每日运往该地之包裹数量，以免铁路交通拥挤不堪。据包裹间人员约略估计，邮局机房中所积包裹，当在五万至十万件之间。目预料本埠商人将以更多之包裹，交邮局寄发，寄往川、黔、滇三省之包裹、昨日既已运出、而国内外寄来之大批包裹，亦已运入邮局而存诸栈房矣。[14]

四、上海邮政职工投身抗日救亡运动

邮权旁落帝国主义者手里，引起广大邮政职工的愤懑，邮政大楼刚刚建成，就立即掀起了收回邮权的群众运动。1921年，中国共产党成立以后，为了公开领导工人运动，成立了"中国劳动组合书记部"。书记部干事李启汉在上海举办补习学校、工人夜校，出版《劳动周刊》，广泛开展职工运动。上海邮局信差周启邦通过工商友谊会与李启汉取得联系，在李启汉的启发下，他懂得要改变工人的困苦处境，必须组织起来，团结一致进行斗争。他于1922年参加了社会主义青年团（S·Y）。而后在中国劳动组合书记部的直接指导下，以周启邦、瞿锡坤等为代表，于1922年发动了上海邮局的第一次大罢工。上海邮政当局在内外夹击下，不得不作出让步，与罢工工人达成三项协议：每月加薪五元；保证金存款仍以六十元为限，每月扣存至多一元，离职时存款须立时取出；减少工作时间，规定每日工作九小时。罢工结束后，邮政当局答应的三项要求，除加工资一项兑现外，其他两项均未履行。

邮政职工对邮政当局的言而无信非常不满，感到有"组织团体谋巩固基础之必要"，周启邦等筹组工会，并制订了工会章程草案。1922年5月21日，召开上海邮务友谊会成立大会，出席的有管理局及各支局信差390余人。1924年8月，第一个中共上海邮局支部成立，首任支部书记是邮务生蔡炳南。次年8月，上海邮政职工2200人在中国共产党的领导下举行了大罢工，在罢工宣言中揭露了帝国主义篡夺邮权、把持邮政、压迫奴役邮政职工的罪行，叙述了邮政低级职工工资少、劳动时间长和备受压迫的痛苦，要求限制洋员，收回邮权，组织工会，改善待遇。租界捕房派人镇压，又通过工贼离间分化，均无效果。罢工延续了3天，邮

1922年，上海邮政职工第一次罢工（上海邮政博物馆提供）

1922年，蔡炳南加入中国共产党（上海邮政博物馆提供）

1925年8月，上海邮务公会（工会）第一次支部干事联席会议合影（上海邮政博物馆提供）

1927年3月21日，上海邮务工人驱车闸北参加武装起义
（上海邮政博物馆提供）

政通信全部停顿，给洋行贸易造成很大损失。一些洋行买办为了切身利益，不得不出面要求邮局举行谈判，北洋政府也怕事态扩大，派交通部次长郑洪年赶来上海，挽请上海总商会会长虞洽卿出面调解，承认邮务公会，增加职工工资津贴。这次罢工的主要收获，即成立了实为工会的邮务公会。罢工结束后的第二天，上海邮务公会正式宣告成立，王荃当选为委员长，蔡炳南为副委员长，顾治本、沈孟先当选为邮务公会组织部正副部长，邮务公会的领导权基本上掌握在中共上海邮局支部手里。

1926年和1927年，上海邮政工人英勇地参加了三次武装起义。"四一二"反革命政变后，邮局党组织转入地下，邮务工会也被迫停止活动。邮局中共支部的领导人顾治本、周颛相继被捕，慷慨就义。

1932年5月，国民政府签署《淞沪停战协定》，出卖了第十九路军苦战两个多月的抗战成果，招致全国人民的强烈谴责。5月22日，上海邮务工会和上海邮务职工会发动上海邮局职工举行罢工，提出裁撤储金汇业局、停止津贴航空公司、维持邮政用人制度、邮政经济专养邮政四项条件。这天清晨5时许，上海邮务工会、上海邮务职工会联合组织上海3500余名邮政员工（占当时全国邮工十分之一），举行大罢工。罢工开始后，整个上海邮递邮政业务完全停顿，信件、报刊、电报均无人传递。上海邮务工会并于当时发表罢工宣言，命令：凡工会会员，自宣告罢工之日起，一律不准到局办公，仰各严守纪律，服从命令，毋违切切。

罢工进行中，华北、华南、长江区各地邮工纷纷群起响应，对国民党当局形成很大压力，行政院长汪精卫于23日致电上海市长吴铁城，令其给予切实劝导。吴铁城即与上海党部委员潘公展、吴开先等出面调停，未能奏效。国民党中央又派出实业部长陈公博到沪疏导，与上海各界知名人士虞洽卿、王晓籁、史量才、林康侯、杜月笙等人磋商解决办法，最后被迫接受了邮政员工的四项要求。后经邮务工会代表协商，同意于5月26日下午1时结束罢工。

早在抗战全面爆发之初，蓄积在一些进步邮工心中的爱国热情，就不可遏止地迸发出来，他们冲破了邮政当局和国民党邮务工会的种种限制：有的组织互助社小团体，星星点点地分布在各支局，形式上是经济互助，实际上偏重政治教育和群众活动，为以后成立全局性的组织打下了基础；有的走向社会，参加职业界救亡协会，并在邮局中发动群众，公开成立"职业界救亡协会邮政组"，在邮局展开了"最集中最活跃"的抗日救亡运动。在进步邮工蓬勃高涨的抗日救亡活动的基础上，中共上海地下组织在邮局重建了党支部，加强对邮政组的领导；并在国民党军队退出上海后，及时地以互助社之名取代邮政组称号，以适应环境的变化；且在职员中成立进社，连邮务长乍配林的秘书也参与其间，进社不久即与互助社合并。1938年2月，地下党支部公开亮出互助社名称，胜利地领导邮工进行了反减薪斗争，互助社威望大增。当邮局面临日伪鲸吞危机之际，互助社发动邮工，一面了解敌伪和邮局上层的动态,一面赶紧建立组织,宣传促进,为5月护邮斗争作准备。

刘宁一在邮局领导组织了有400多职工参加的党的外围群众组织——互助社。他充分认识到,捍卫邮政主权是邮政职工在抗日救亡运动中的神圣使命,而要取得护邮斗争的胜利,必须争取和团结各方面力量,共同投入这场意义重大的斗争中去。于是他积极推动互助社与国民党控制的邮务工会谈判,共同推动护邮斗争。

为挫败敌伪的接收阴谋,1938年5月,上海邮政职工成立护邮运动促进会,发表《上海邮局员工反对接收易帜,响应海关宣言》(简称《宣言》)和《上海邮工护邮六大纲领》(简称《纲领》),提出拒绝接收、保障生计、统一领导、制裁邮奸等主张,护邮运动全面展开。互助社以护邮运动促进会的名义,将《宣言》和《纲领》分别印刷几千份,向各支局散发。这些主张得到了广大邮政职工的普遍赞同和拥护,他们对护邮运动表示了积极态度。

邮政职工维护邮政主权的坚强决心,使企图前来接管的伪邮政司长王芗侯颇感棘手,迟迟未敢前来接收。"5月护邮"不战而胜,这次护邮斗争虽未与敌伪正面接触,但使敌人的嚣张气焰受到沉重打击。

1938年10月,日本侵略军先后占领广州、武汉,南北两个傀儡政权(即南京"维新政府"与北平"临时政府")组成"联合委员会",通令各单位悬挂伪旗庆祝,并限上海邮局于11月10日挂出五色旗。广大邮工义愤填膺,刘宁一领导的互助社推动邮务工会召开护邮运动委员会紧急会议,成立行动委员会,深入各部门、各级邮务人员中进行发动工作。这次行动不仅把邮务工人和中初级职员,而且把高级职员和"小老大"(即各个帮会组织的骨干)都发动起来,打破历来的各部门各派之间的隔阂,职工队伍出现了前所未有的团结,共同投入护邮斗争。当时,英、美、法等国对日本独霸中国市场的做法,也深感不满,为日本垄断长江航运之事,三国政府还向日本提过抗议。邮局内代表不同利益的帝国主义分子，对邮务营业收入的处置意见也有分歧。护邮运动委员会利用帝国主义之间的矛盾，抓紧做法籍局长乍配林的工作，要求他以国际通邮关系，下达除悬挂邮旗外，不准挂其他任何别的旗帜的命令。在全局上下的推动下，乍配林采取了比较强硬的态度。邮局职工封锁了通往大楼屋顶的所有通路，剪断旗杆上升旗的绳索。

邮政职工的团结一致，挫败了日伪的企图，11月10日，朔风怒号，飘扬在邮政大楼顶楼的仍是象征国际通邮的邮旗。邮局职工、诗人陆象贤以"黄河"为笔名，激动地写下诗句："一支精赤的旗杆，默默地铁似的直刺着这沉闷的天空！……三千条臂膀结合成一支粗壮无比的钢的旗杆！魔鬼的毒手能拗些小草，抓些散沙，这回，听到了它叹气的呻吟！"

1939年1月1日，"维新政府"以庆祝元旦和"民国肇兴，旗悬五色"为托辞，再提悬旗之事。邮政员工牢牢守住护邮阵线，最终仍以空荡的屋顶和精赤的旗杆作了回答。之后，"维新政府"再也没有提出悬挂伪旗。

1939年后，邮局内部出现分化。法籍局长乍配林因屡遭日方压力，对护邮开始动摇。1939年2月，上海设置汪伪交通部邮政总局驻沪办事处，日本人开始涌入邮局，操纵邮局的业务。3月2日，乍配林下达局谕，将65名邮务员调往湘、桂、黔等地工作，其中不乏互助社骨干及社员。

邮局党组织针对邮政当局的倒退，开展了3月反调遣斗争。一面安排被调者代表向局方交涉免调事宜，一面组织记者招待会，向社会公开邮局内部日员涌入、华员大批内调、邮政主权岌岌可危的内幕，呼吁社会舆论的支持。但由于此时的环境已大不相同，局内部的护邮统一战线也基本趋于瓦解。党支部在分析了敌我力量对比的客观情况后，认为依靠互助社单枪匹马斗争下去，已无实际意义，且有进一步暴露组织的可能性，因此决定主动结束反调遣斗争。

4月1日，65名被调者一起登船前往内地。但直至3月28日"维新政府"的成立纪念日，伪五色旗仍然没能在邮政大楼升起。敌伪蓄傲日久的三月易帜之说，最终仍未得见之于事实。

日军侵占上海后，实行法西斯统治，大肆搜刮，致纸币泛滥，物价飞涨，市面萧条，工厂企业大批停闭，职工大批失业。上海工人开展了"平地一声雷，无风三尺浪"的"无头斗争"，即有组织领导无组织形式的斗争。1944年3月29日、6月22日，邮局职工先后两次发动"无头斗争"。邮局工部间中文台、洋文台、打印台和外勤职工，为要局方恢复津贴制度，举行集体静坐怠工，接着其他各部门也停止了工作。工部间是拣信、转发的关键部门。这里一停，各支局就无法运转，全市邮政通信立即陷于瘫痪。事件发生后，敌人十分震动。伪警局特高科日籍科长带了一批中国便衣，赶到邮局大楼调查，想抓出为首分子，但找不到任何代表。被询问的职工异口同声地说："这点薪水，一家老小无法活。"工人还对中国便衣说："你也是中国人，帮我们说说话。"在抓不到任何把柄后，日本人要求职工集中到一个地方，下令要工作的站在一边，不愿工作的站在另一边。工人知道这是日本人抓人的诡计，都站到要工作的一边。日本人黔驴技穷，只好强迫职工回岗工作，派便衣特务现场监督。但这些特务不懂邮政业务，只见工人忙着拣分信件，然而信发往各支局后又回到原处，于是再拣再分，循环不止，信件始终往返总局和支局之间。收信人收不到信件，一些工商户收不到对方寄出的提货单，无法及时提货，特别是对一些菜牛、家禽等活口商品，影响更大，商人因此纷纷到邮局责问当局。迫于公众的压力，敌伪当局只得答应恢复发放津贴。"无头斗争"取得胜利。

因日本侵略者钳制抗日舆论，许多抗日进步报刊被迫停刊或迁移外地出版。为了加强对职工的抗日宣传教育，中共江苏省委工委组织人力出版了供职工阅读的通俗刊物。最早问世的，是1937年年底由刘长胜组织出版的，以工人、店员为主要对象的秘密刊物——《劳动》。32开横排本，1938年上半年，每周或旬日出版一期。1938年下半年，《劳动》更名为《朋友》，改为16开本，半月或一月出版一期。负责编辑、出版工作的是王大中。1939年春，王大中去浦东游击队工作，刊物由邮局地下党员沈以行主编。当时，《朋友》的出版已引起租界当局的注意，为防止意外，又改名为《生活通讯》，每期择其中一篇文章的题目为刊名，以丛书形式出现。1939年7月，第一期《生活通讯》出版，同《劳动》《朋友》一样，每期印2000册。到1940年7月，前后一年余，《生活通讯》共出版10多期。在当时险恶的环境里，出版和发行秘密刊物，冒有很大风险。为保证共产党的地下领导机关的安全，刊物的重要稿件和出版经费，都由组织上与沈以行单线联系。文字编辑、跑印刷所、校对都由沈以行一人承担。他利用在邮局工作业余时间较充裕的便利，从事编辑、出版工作。另有两个党员，与他联系。一个是刊物工联络员黄大智（黄明），联系十来个工人，辅导读刊活动，反映工人要求，收集工人写的通讯稿，负责递送工委重要稿件。另一名党员高骏，负责刊物发行工作，他在沪西以设皮匠摊为掩护，刊物出版后，即挑着箩筐，分批送达各联络点，再由工厂发行员分发到各工厂积极分子手中。

上海沦为"孤岛"后，日本军方派遣22名检查员进驻邮政大楼，封发、投递、挂号、快递、印刷等各个环节都可见这些检查员的踪迹。每天被扣下的邮件不下数万，尤其以印刷品居多，若邮件中稍有对日伪统治不满的内容，一经发现，就有坐牢的危险。这让上海文化界许多进步人士一筹莫展，急于同外界联络，互通声气。"魔高一尺，道高一丈"，在邮政系统的中共地下党组织想出了"一步到位"和"化整为零"的妙计。所谓"一步到位"就是在摸清日本人检查规律的情况下，寻找空隙，直接将进步人士的信函封入邮袋，以此避开盘查。当时，担负收寄信函重要任务的正是日后著名的文学家唐弢，他1929年考入邮局，先后在邮政大楼的投递组、分拣台工作，正好能够利用工作之便。委托唐弢寄信的有郑振铎、楼适夷、李健吾、傅雷、黄佐临、石华父等人，他们的信件由唐弢秘密转交到分发邮件的工友手中，装袋后，安全地寄往重庆、桂林、陕北、香港或国外。

但是，大部头的书刊资料怎么邮寄呢？"化整为零"的办法就化解了这一难题。郑振铎在编"玄览堂丛书"时，将书拆开，分成数函，一次总有十几封。楼适夷编辑《文艺阵地》第四卷、第五卷时，也是每次有一大摞信。李健吾为香港《大公报》写稿，亦是通过这一方式发出的。有一次，一批邮往苏北的信件已经运上轮船，准备起航，这批信件里就夹带着"化整为零"的密函。不知道日本宪兵得到什么情报，突然赶到码头，强令把邮袋重新打开检查。幸好信件多如牛毛，如果要一封一封拆开看，岂不是大海捞针？最后，日本人只得悻悻然离去。

日本战败后，国民党中统、军统接手了邮件检查大权。抗战期间，地下党千方百计要将上海的信息输出，抗战胜利后，则是要将革命根据地和大后方出版的进步书刊输入上海。这时，唐弢受上海学联一个代号叫"七少爷"的人委托，设法使从陕北寄来的进步书籍躲过检查。为安全起见，唐弢与负责邮政大楼二楼营业组存局候领窗口的地下党员李家齐商量，决定采用"存局候领"的方法。

1932年，只有16岁的李家齐到邮政大楼工作。1939年，他加入了中国共产党，正式参与地下工作，和同志们一同与日伪进行斗争，护送进步青年到新四军那里去。后来他担任了邮局营业组组长，负责大厅窗口工作，暗中不断发展中共党员。在孤岛时期和日军占领整个上海时期，当时地下工作的难度和危险性相当大，但他坚持在群众中活动，在邮局中开办学校，"悄悄地"传播进步思想。

所谓"存局候领"，是邮局的一项特殊业务，凡是寄到上海邮局、注明是存局候领的信件，都不必写明地址，取件人只要凭自己的身份证明，就可以到邮局领取。一般情况下，此项业务主要是供那些没有固定住址的外国游客和侨民使用。20世纪30年代，大批犹太难民涌入上海后，就通过存局候领的办法收取邮件。采用这一公开的办法，不容易引起敌人注意，即便被查获，由于没有地址，也无从追查。

中共江苏省委领导人、地下发行站及苏北根据地寄来的进步出版物都是通过"存局候领"的渠道进入上海。但凡书刊一到,李家齐马上告知唐弢,唐弢再打电话与"七少爷"联系,通知其立刻到邮政大楼"存局候领"窗口领取。如果被中统、军统特务盯上了,就牺牲那批书刊,不去领取。这个办法十分安全,从未出现纰漏。直到解放后,唐弢才知道"七少爷"是上海学联的领导人之一黎克明。黎克明的哥哥是黄河书店的负责人,主要出售进步书籍。据不完全统计,经由邮政大楼输入上海的书刊有延安出版的《解放》《中国文化》《中国妇女》、单行本《论持久战》《在延安文艺座谈会上的讲话》以及苏北出版的《江淮文化》等。1948年6月,李家齐撤走后,政治上倾向国民党反动派的营业组长发现了这个秘密,把香港寄来的大批毛泽东著作等交给国民党邮检员予以查封,利用存局候领寄递进步书刊的办法不得不停止使用。

出口间(正式名称是封发组)位于邮政大楼二层北侧,是全局出口平信和"小码头"(即小城镇)出口印刷品的分拣封发单位,后来成为地下通讯网络和地下发行站的一个重要基地。从1938年起,出口间地下党员周清泉受新文字研究会负责人、地下党员汤纪鸿的委托,设法避开日本邮件检查员的检扣,将新知书店出版的进步书籍寄往根据地。沈以行也受八路军驻沪办事处委托,将办事处秘密编印的转载党刊文件的《时论丛刊》预先封装包扎成印刷品,放在工作场所的柜子里,待日本检查员走后即将封袋之前,再从柜中取出,装入邮袋,经由香港运往法属越南的海防,通过滇越铁路运至昆明,转寄大后方和延安。封邮袋的邮役文化水平虽低,却从未有人告密泄露此事。

1941年太平洋战争爆发后,原来通过各种迂回方式出版的进步书刊,在上海已无法继续出版和发行。当时,苏日之间还保持着外交关系,挂着苏商牌子的时代出版社,还能继续开业。它出版报道苏德战争消息的《时代周刊》和英文版的《每日战讯》,刊载苏联文学作品译文的《苏联文艺》

等，也还被允许在书报摊上公开出售。但通过邮局寄递的，如被日本邮件检查员发现，就会遭到扣留，特别是寄往苏北根据地的，日方更是严加封锁。汤纪鸿到邮局来找周清泉商量解决办法，并将根据地派来的地下发行站负责人蒋建忠介绍给他。当时苏北根据地和上海之间不能直接通邮，需要经过中转。长江以北，南通、如皋、海门、启东等县城，处于敌人占领之下，刊物寄到那里，肯定是不安全的。但其所管辖的部分集镇，属于游击区，敌我势力互有进退，犬牙交错，有可能通过根据地影响所及的内部渠道，把刊物送到目的地。周清泉那时担任集镇邮局（邮局内部习称"小码头"）的分拣员，寄往"小码头"的信件和印刷品，实行混合封发。蒋建忠根据周清泉提供的分拣资料，从中选择南通掘港镇、如皋海安镇、海门三阳镇、启东南清河等几处邮局，作为收件地点，同时成立了一个叫作协记书报社的公开单位，作为秘密发行站。

邮寄时代出版社出版的成批刊物，每次都是事先商定具体交寄时间，由协记书报社的人把刊物打成大包，按照邮局规定贴足邮票，再由书报社的勤工孙元蹬三轮车送到邮政管理局营业组。几个营业员知道是进步刊物，立刻收下，办好收寄手续，让邮役毫不耽误地运送到刷印间。刷印间的积极分子顾信昌等迅速放行，转送出口间。"小码头"的分拣员、封发员和封袋的邮役，趁着日本邮件检查员尚未到班之前，不动声色地把成包刊物装入邮袋，放在日本人发现不了的隐蔽处，最后送上轮船，运往目的地。由于李家齐和周清泉事先分别向营业组和出口间有关人员打了招呼，做了工作，大家在爱国主义思想鼓舞下，彼此心照不宣，密切配合，一环扣一环地完成了收寄、分拣、封发和转运的全过程。此外，协记书报社还通过这种方式秘密寄过《鲁迅全集》，以及日本占领当局宣布查禁的"孤岛"时期出版的一些进步书籍。[15]

位于上海邮政大楼天潼路四川北路转角处的地下层为信箱间，面积很大，有信箱数千只，供商行和个人租用。

周清泉

（上海邮政博物馆提供）

1938年，邮局地下党负责人周清泉受新文字研究会负责人、地下党员汤纪鸿委托，租用了1741号邮政信箱，作为秘密通讯之用。按照规定，租用邮政信箱需要铺保，为了避免发生意外、牵连作担保的商铺，汤纪鸿把铺保撤了，但又担心没有铺保，被邮局发现后而拒绝租用，又委托周清泉去缴纳信箱租金。这样，1741号信箱在没有铺保的情况下租用下来，邮局地下党组织在必要时用它接收党内文件。

据周清泉回忆，当时寄出的《时代周刊》和《苏联文艺》每期都达千册以上，收到的解放区印刷的毛泽东著作也多达几百本。大量书刊要绕过日本邮检员，必须调动各有关部门和职工的力量，一环扣一环才能完成。参与这一工作的有营业组、刷印组、封发组和信箱间等各部门的多名邮政职工，当时他们中大多数不是共产党员，地下党晓以大义，说大家都是中国人，为了抗日，要同舟共济、互相支持，因此大家利用日本邮检员上班前或下班后的有利时机主动配合，做到万无一失。

从太平洋战争开始后，至1945年1月邮局发生大逮捕事件为止，地下党组织通过1741号邮政信箱接收由苏北根

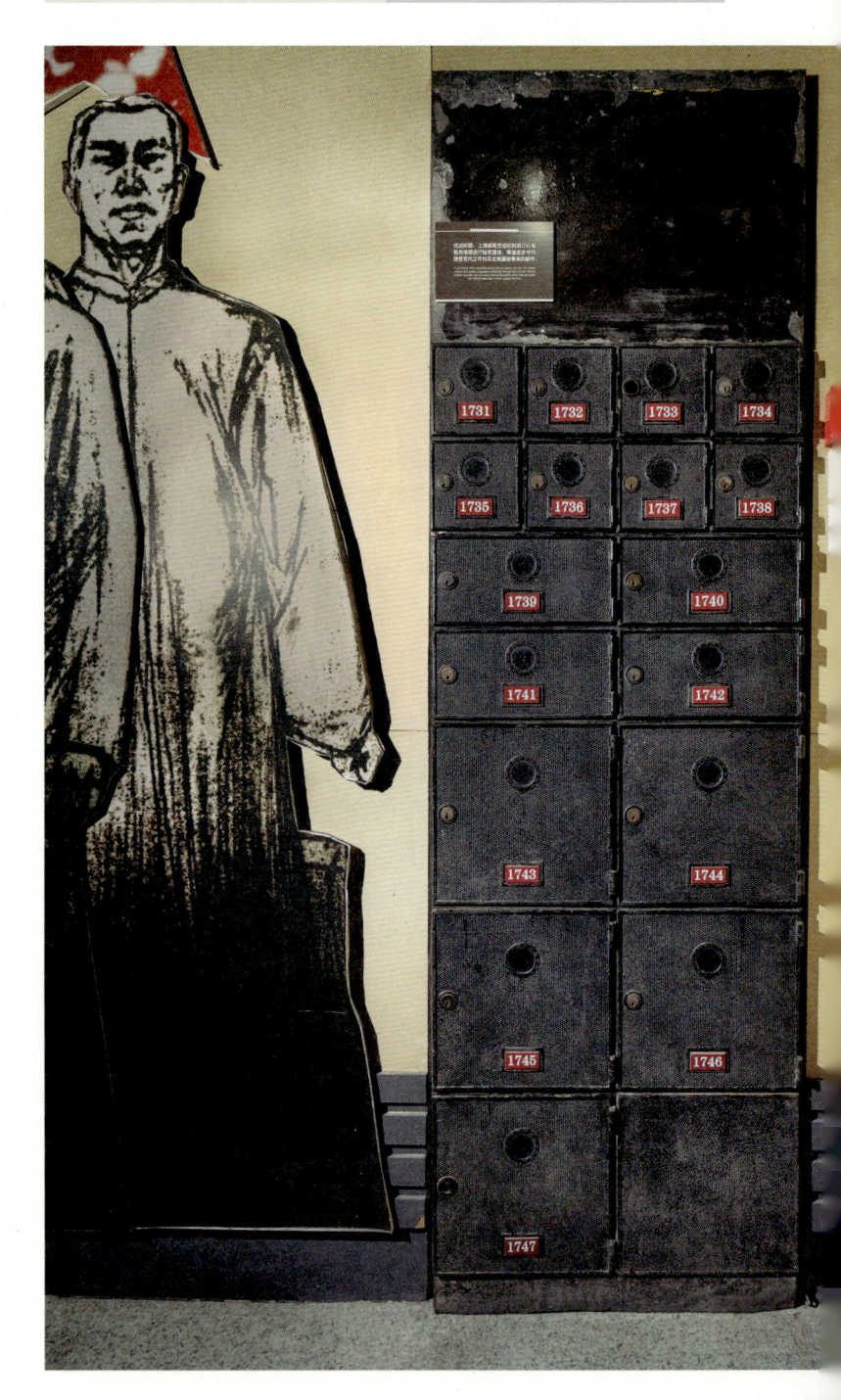

上海邮政大
SHANGHAI POST OFFICE BU

1741号信箱（朱梦周摄）

据地、延安、香港和国统区寄来的邮件。后来，苏北根据地在上海组建的地下发行站也使用这个信箱，1741号信箱发挥了重大作用。

五、上海邮工支援十九路军抗日

1931年，九一八事变发生，日本帝国主义侵略中国的罪行和国民党政府的不抵抗政策，激起了全国人民的民族义愤。上海的学生、工人、店员，在中国共产党的号召和组织下，掀起了抗日怒潮。

9月24日，上海10万大中小学学生举行罢课，3.5万名码头工人举行罢工。26日，各界10多万人举行反对日本侵略大会。全市的电线杆上和各处墙壁上，贴满反日传单，写满反日口号，连电车和公共汽车的车厢内外都贴满了传单、标语。10月初，80万工人、店员等组织了抗日救国联合会，会址在天后宫内，同上海市商会在一起。朱学范代表上海邮务工会参加抗日救国联合会，担任调查科科长，其中一项任务是抵制日货，由稽查科的检查队查出哪家商店有日本货后，就由调查科去查明属实，然后没收。上海和全国其他城市都开展了抵制和验查日货运动。

在北京邮工组织邮工义勇队的影响下，上海邮工也组织了义勇军。上海抗日救国联合会要求国民党政府发给枪械，被置之不理，上海邮工义勇军只能进行徒手训练。

1932年1月28日晚，日军在上海的闸北、江湾、吴淞等处，发动进攻。当时驻防上海的蔡廷锴所部十九路军，英勇奋起抗击。上海工人和人民响应中国共产党的号召，掀起了轰轰烈烈的支援抗日军队作战的热潮。上海广大人民群众特别是工人阶级的积极支持，提高了十九路军官兵的抗日情绪，他们英勇奋战，粉碎了日军扬言在四小时内占领上海的狂言。上海军民奋战了一个多月，使日军四易主帅，死伤万人以上，挫败了日本帝国主义的侵略气焰。

"一·二八"事变发生后，上海各业职工广泛开展抗日救国活动。上海邮工组织了一支抗日救护队，直属中国红十字会领导，会长是闻兰亭。邮工救护队编为第十九支队，其他有基督教救护队、四明同乡会救护队、广东同乡会救护队、奉化同乡会救护队、上海市商会救护队、红十字会救护队等，所需药品、包扎布、绷带等，都由红十字会供应。上海邮工救护队由邮局的男职工和邮政储金汇业局的女职工自愿报名参加，一共有50多人，其中女队员30人，朱学范担任队长，女队员的带队人是鞠如，是邮政储金汇业局的职员。邮工救护队向上海邮政局借了一辆转运邮件的包封车，将原来的绿色车厢漆成白色，再加上红十字标记，当作救护车。邮工救护队出发之前，在老西门关帝庙广场上开宣誓大会，一致表示，坚决拥护十九路军抗日救国，要不辞辛劳，不畏艰险，不惜牺牲，努力做好救护工作。开过宣誓大会后，大家怀着舍身报国的豪情，在朱学范的率领下奔赴前线。

邮工救护队到闸北宝兴路，找到一家已经空无一人的铁工厂作队部，立即投入救护和运送伤兵的工作。第二天，救护队到达吴淞炮台湾一带，翁照垣旅长正与敌舰进行激烈的炮战，初上战场的邮工，听到的是隆隆炮声，震耳欲聋。敌军的炮火，使吴淞镇上的一部分民房燃起熊熊大火，邮工救护队员立即投入灭火战斗。旅长翁照垣在吴淞奋勇抗战，每天都有伤员，邮工救护车每天冒着炮火和飞机轰炸的危险，频繁地运送伤员往返于吴淞和后方之间，还从租界带去当天的报纸，分送给旅部官兵阅读。官兵们看到上海工人、学生、市民和全国各地人民支援十九路军抗日的无数动人事迹，士气大振。报纸每天刊登上海和各地人民节衣缩食、自动捐款和捐赠衣物支援十九路车的消息。如上海邮局职工于2月1日捐赠牛肉22箱、饼干10大箱，2月16日和27日，又两次捐款3303元。

正当上海邮工救护队在前线冒着炮火抢救伤员、传递消息的时候，全国各地邮工支援十九路军抗战的消息，纷纷传来。如北京邮工捐款1000元，宜昌邮工捐款800元，沙市邮工捐款320元，广州邮工捐款300元，杭州邮工捐麻袋500条，宜昌邮局信差黄鼎之从微薄的工资中捐款10元，等等。各地邮工的爱国抗日运动使上海邮工救护队受到了极大的鼓舞，邮工救护队在前线奋勇救护伤员，尤其是及时将新闻报纸送到旅部，鼓舞士气。翁照垣旅长极为赞赏，把邮工救护队作为旅部直属的一个单位，发给朱学范一张委任令，任其为旅部运输服务队队长。朱学范随身带着这张委任令，救护车可以在前线通行无阻。

由于日本帝国主义陆续大量增兵，并增派军舰、飞机狂轰滥炸，翁照垣不得不从吴淞撤到大场。邮工救护队跟着后撤，分散到大场、嘉定，朱学范同一部分队员在大场以公共汽车站作为伤兵站。在敌人的飞机轰炸、扫射下，救护队的活动极为困难，敌军完全不顾国际公法，他们的战斗机对标志着红十字的救护车也进行追击。

3月1日，敌军趁十九路军兵力不足，在浏河偷袭登陆，迫使十九路军从上海撤退。邮工救护队分组撤离战区，在大场的救护队直接撤回上海租界；在嘉定的救护队一组出西门，绕道青浦、松江返回上海，一组出南门，到马陆再分两路，一路经梵王渡回上海，一路越南翔沿铁路向上海撤退。

六、上海抗战中的邮工童子军

1932年3月3日，四名上海邮工童子军从嘉定回上海执行联络任务，当他们行至南翔火车站附近时，同一群日本侵略军不期而遇。在避离不及又无武器抵抗的情况下，潘家吉、陆春华、陈祖德三名队员不幸被俘，他们虽然臂缠红十字袖章，但凶残的日本侵略军根本无视国际公法，竟然对他们乱击乱刺，三名队员惨遭杀害，壮烈牺牲。另一名童子军拼命急奔，逃脱了敌人的追捕。烈士们的遗体暴露郊野，过了两个多月，《淞沪停战协定》签订以后，始得收殓。上海邮务工会为追念三烈士殉身国难，于1932年10月16日，举行邮工烈士追悼会，表达人们对烈士的深切怀念。1936年，工会在南翔火车站附近购地三亩，准备建造邮工烈士公墓，并于同年3月19日，在朱学范主持下，举行隆重的奠基典礼。但不久八一三事变，烈士墓的工程被搁置下来。直到1949年1月，上海邮务工会与南翔义盛泰石作订立合同，以大米十八石（每石大米约合银元十枚）作为工程材料费用，才建成了邮工烈士公墓。"文革"期间，邮工烈士公墓遭到严重破坏。粉碎"四人帮"后，中国邮电工会上海市委员会为了景仰先烈，继承光荣革命传统，于1980年6月，提请上海市民政局批准，将邮工烈士公墓迁葬龙华上海烈士陵园。

上海邮工童子军，隶属上海邮务工会，成立于1931年8月1日，团址设在靶子路（今武进路）534弄9号，创办人朱学范担任训练部长。第一次招募78人，成立之日，朱学范以孙中山先生"人生以服务为目的"之言勉励团员。旋经中国童子军总会批准，编为中国童子军第642团。

当时的童子军分为下列几种：十二岁以下者为幼童军；

陈祖德　　　　　潘家吉　　　　　陆春华

陈祖德、潘家吉、陆春华三烈士（上海邮政博物馆提供）

1936年3月，上海邮务工会在上海南翔举行邮工烈士公墓奠基典礼，朱学范为烈士公墓破土（上海邮政博物馆提供）

1931年，朱学范创办的邮工童子军在营地训练和生活的情景
（上海邮政博物馆提供）

十二岁至十七岁者按性别分男女童子军；十八岁以上者为青年童子军，上海邮工童子军即为后者。原来全国邮政系统内没有童子军团组织，自上海成立后，浙江、江苏两省邮局亦相继成立童子军团组织。邮工童子军的历史仅两年，但它在抗日救国斗争中所作的贡献令人难忘。

上海邮工童子军团成立不到两个月，九一八事变爆发，消息传到上海，朱学范召集童子军团成员开会，成立上海邮工抗日救国运动委员会邮工抗日义勇军，聘请教练，讲授作战知识和各种技能，如侦察、测量、通讯、救护等，并经常到闸北、江湾、真如一带郊外实习，熟悉交通、地形，严格训练四个多月。

1932年1月28日，淞沪抗日战争爆发，朱学范召集全体邮工抗日义勇军（邮工童子军）开紧急会议，他振臂演讲说："国家兴亡，匹夫有责。今国难临头，有光荣革命历史的邮工们，我辈抗日义勇军同胞们，是奔赴前线为国牺牲的时候了！"在朱学范的启发和鼓励下，邮工童子军战地服务团当天组成，全体到会者激昂慷慨，一致要求上前线抗击日本侵略军。随即组成两个队，一队由副团长王定昌率领，主要任务是募捐款项、粮食、药品等，设立收容所收容难民；另一队由团长沈桴负责，参加战地服务，编为第十九路军总指挥部童子军通讯队。童子军在参加战地救护、输送难民、传递军情、投送密件等方面做了大量工作，受到十九路军军长蔡廷锴将军的赞誉。在一次会议上，蔡将军列举邮工童子军的英勇事迹，热情地称童子军为"铁军"。

战地服务团成立以后，童子军们认真肩负起自己的责任，他们深入前线，不畏枪炮袭击，不怕飞机扫射，个个英勇坚毅。一次，一名童子军骑车送一份公文给驻扎在吴淞的翁照垣将军，车子经过张华浜时，被日军发现，日军用枪射击这名童子军的自行车后轮。这名小战士毫不畏惧，他机智地伏下身子，一边躲避日军的枪弹，一边继续猛蹬自行车，出色地完成了任务。又有一次，一名童子军给部队送军事邮件，被一个汉奸发现，汉奸偷偷躲藏在树林中向他射击，这名童子军一猫腰跳进了路边的池塘里隐蔽起来，等到士兵击退了那个汉奸，他才满身泥水钻出来，把军事邮件完好无损地交给了部队。部队将士们摸着他的头连连夸赞："小家伙，真是不简单！"

七、从邮局拣信生起步的唐弢

唐弢（1913—1992），原名唐端毅，字越臣，作家、文学理论家。出生于浙江省镇海县一个农民的家庭，父母都不识字，在亲戚资助下入学读书，勉强念到初中二年级，家里的经济越发困难，只得辍学工作。16岁，投考上海邮局，录取为邮务佐，在本埠邮件投递组拣信，先后在投递组、分拣台、信箱间工作，以后升为乙等邮务员和甲等邮务员。

在做拣信生期间，虽然生活艰辛，但唐弢刻苦自学，工余便去图书馆看书，广泛阅读古今图书。在劳动和学习之余，唐弢积极参与邮局工会组织的读书会。1932年，他在被邮局开除的中共地下党员沈孟先的影响下，也成立了一个读书会，读高尔基的《母亲》、法捷耶夫的《毁灭》、绥拉菲摩维奇的《铁流》、鲁迅的《三闲集》《二心集》等书。读书会中每人每月出两毛钱，合起来买书，轮流阅读，或者找一个人朗诵，大家静听，有时也讨论。

1933年起，唐弢开始在《申报》副刊《自由谈》投稿，起初写的是散文，后来改写杂文。不久便认识也在《自由谈》上写稿的鲁迅，得到向鲁迅请教和学习的机会。抗日战争全面爆发，上海沦为"孤岛"，唐弢参加了1938年版《鲁迅全集》的编校工作。以后又支持《鲁迅风》周刊（后改半月刊），编辑《文艺界丛刊》，在几个中学教课，和青年们一起从事民族解放斗争。1939年1月17、18日，唐弢用笔名"不典"，为《申报》"上海特辑"专栏写了《战时之上海邮政》一文，强调邮政应按照万国公约，保持中立，使人民有通信自由，不参与政治活动。《战时之上海邮政》一文发表后，深得好评，常被引用。1941年，唐弢为中共地下组织办的《大陆月刊》（由楼适夷、裘柱常编辑）写《邮局的事情》（署名从衡），针对敌伪，对护邮有所触及。

1938年5月，日本扶植的汉奸政权南京"维新政府"宣告成立，但是属于重庆国民政府的主权机关，如海关、邮局等，仍没有落在日伪手里。这时发生日伪企图接管海关、邮局，悬挂伪政权五色旗的事件。在海关职工的护关斗争后，接着是邮局职工的护邮斗争。在中共地下党的领导下，以互助社为中心，邮局发动职工组成护邮运动促进会，开展护邮斗争。唐弢积极参加护邮斗争，在互助社刊物《驿火》上，发表鼓动群众斗志的诗篇：

> 驿站上的火把亮起来了，
> 在激荡的风雨的中宵，
> 虽然比不上星月的皎大，银河的长，
> 但你是从黑暗到黎明的桥梁！
> 你温暖了旅人们寂寞的魂灵，

千万颗心向着一个光明,
在前进的行程中你帮着越过险阻,
指出了什么是泥潭,什么是路!
你照彻:荒淫、逸乐、苟安、无耻与悲欢,
你照彻:坚决的斗争,不妥协的搏战,
在这里刻画着你的唾弃与颂扬,
起来,你号召着躲在幽陬里的力量!
严肃的生活下容不了优游,
群众的力量汇成一条洪流,
在激荡的风雨中宵,
驿站上的火把亮起来了!

1942年,日军在占领上海租界后,通令在沪写过抗日文章的作家登记,唐弢拒绝登记,并以"居家候令"形式,离开邮局,在一个私人银行里担任秘书,勉强糊口。

1945年,抗日战争结束,唐弢重新回到邮局,被调到公众服务组,和戴孝忠、周雄等进行革新工作。公众服务组是上海邮政当局设立的立足于改革的一个新机构,有些便民措施,实际上却是为邮政业务作宣传。唐弢负责的主要是对外联系:在《大公报》《文汇报》先后开辟"邮政问答"和"邮政常识"专栏;举办"流动邮局",即用大型面包车定时定点接受群众寄信;消灭"无法投递"邮件;整顿代写家书小摊;布置橱窗宣传陈设;写有关邮政的文章。

邮局工作之余,唐弢同柯灵、刘哲民、钱一鸣创办了第一本公开出版的民主运动刊物《周报》,参加反内战、反饥饿的民主运动。《周报》被禁后,他改编《文汇报》副刊《笔会》,直至1947年5月《文汇报》被迫停刊为止。《周报》《文汇报》先后被禁以后,唐弢在邮局的处境也日益困难。有一次戴孝忠偷偷说帮办王裕光要他转告唐弢,已经传出一张要逮捕四十人的名单,第一名就是唐弢。又过了一段时间,局长李进禄找唐弢谈话,李进禄先是对唐弢很客气,夸奖他一个时期来对邮政业务革新所作出的努力,接着告诉唐弢，淞沪侦缉大队的人曾来邮局，说他们已掌握充分材料，证明邮局有个姓唐的人通过香港和共产党进行接触，并说他们所说姓唐的人就是唐弢。李进禄问唐弢是不是共产党员，唐弢说不是；又问是不是民主同盟，唐弢说不是。经过一场盘诘和答辩，李进禄提出不作演讲、不写文章、不离开上海三个条件，说这件事由他承担下来，负责解决。

上海解放，唐弢当选为邮政工会常务委员兼文教科长。7月，出席中华全国第一次文艺工作者代表大会，担任全国文协委员兼上海分会常务委员。1950年初，唐弢到复旦大学任文科教授。1952年，任上海文化局副局长。1959年，唐弢到北京社科院文学所任研究员。

唐弢既是中国现代文学史上重要的杂文、散文作家，又是现代文学研究和鲁迅研究的专家，一生共出版《推背集》《海天集》《投影集》《可爱的时代》《落帆集》《向鲁迅学习》《鲁迅在文学战线上》等20多本杂文、散文集。用过风子、晦庵、若思、潜羽、将离、仇山等三十几个笔名。除散文写作外，致力于鲁迅研究和现代文学史研究，成果甚丰。他主编的《中国现代文学史》，以论带史，从作家作品分析中找出规律，将文学的历史发展线索条分缕析，总结了近30年的文学史研究成果。逝世前，从事《鲁迅传》的写作。

唐弢勤于写作，在文学书籍的选购上也颇有独到之处，他收藏绝版书、孤本书、毛边书等珍稀书，称其为中国现代文学第一藏书家也毫不为过。巴金先生曾经这样评价唐弢藏书："有了唐弢的藏书，就有了现代文学馆的一半。"唐弢捐给现代文学馆的书刊达到四万多册，其中难得的珍稀品种多达数百种，无异于一座巨大的宝库。

注　释

1, 高仰止、杨金鳌：《邮政大楼话沧桑》，吴汉民主编：《20世纪上海文史资料文库（5）》上海书店出版社1999年版，第368页。
2, 上海工人运动史料委员会主编：《上海邮政职工运动史料（第一辑）》(1922—1937)，1986年5月（内部版），第4页。
3, 朱勇坤著：《上海集邮文献史（1872—1949）》，上海文化出版社2018年版，第496页。
4, 刘肇宁著：《新编集邮知识手册》，知识出版社2000年版，第300页。
5, 朱勇坤著：《上海集邮文献史（1872—1949）》，上海文化出版社2018年版，第494页。
6, 余耀强主编：《烽火中的海外飞鸿——抗战期间广东的海外邮务》，广州出版社2005年版，第23页。
7, 姜金林：《解放前邮政员工的生活》，《集邮博览》2010年第8期。
8, 王茜痕：《投考邮局之门槛》，《常识三日刊》第1卷，第16期。
9, 醒明：《考进邮局之后》，《妇女杂志》第17卷，第1号。
10, 陈纪滢著：《我的邮员与记者生活》，台湾商务印书馆1988年版，第2页。
11, 中共上海市邮电管理局委员会编：《上海邮政职工运动史》，中共党史出版社1999年版，第32页。
12, 中共上海市邮电管理局委员会编：《上海邮政职工运动史》，中共党史出版社1999年版，第33页。
13, 不典：《战时之上海邮政》，《申报》1939年1月17日，第14版。
14, 《卡车首尾相接　邮局包裹山积均寄往川黔滇各地者　邮局职员俱通宵工作》，《申报》1939年4月19日，第10版。
15, 中共上海市邮电管理局委员会编：《上海邮政职工运动史》，中共党史出版社1999年版，第200—201页。

SHANGHAI POST OFFICE BUILDING

上 海 邮 政 大 楼

第三章 解放战争时期

日本无条件投降后，交通部邮政总局驻沪办事处于1945年12月13日，明令在日寇侵占上海后，将金指谨一郎、福家丰等位于邮政重要岗位的日本人革退。与此同时，抗战胜利初期，上海邮局的在岗员工数与所承担的业务量相较，已处最低限度。为适应抗战胜利后邮务的迅速回升，上海邮政积极筹划召回大批居家候令员工。抗战胜利后的中国，百废待兴。上海邮政除利用正常邮路运输邮件外，还想方设法利用来沪的外国军机、军舰带运邮件。与此同时，上海邮局员工面对的却是国民党政府一面规定一律改用法币，银行不再受理"中储券"，一面将汪伪"中央储备银行"库存大量伪币投入市场，造成市场价格有升无降，又将伪币对法币的回收兑换率定为200:1，大大高于市场50:1至80:1的合理兑换率的情形。这种洗劫对于已饱受艰辛的邮政员工来说，无疑是屋漏偏逢连夜雨。

一、抗战胜利后的邮政

随着太平洋战争的日趋激烈，日占领当局一方面出于侵略战争的需要，加紧对占领区的掠夺，一方面又竭力粉饰。1942年12月，汪伪政权以"建设部邮政总局"的名义向上海邮局发出"训令"，称解除日军对邮政机关的管理并撤退调查员，而实际则不满失去对上海邮局已有的控制。时隔不久，汪伪政权不但免去午配林的职，金指谨一郎也被卸去了局长帮办的职权，对邮件的检查更是没有丝毫放松。汪伪政权无法抑制通货膨胀货币贬值，却不允许邮资同步增长，把限制邮资作为一块遮羞布，使邮政经营雪上加霜。被汪伪政权接管后的上海邮政，到1944年，在当时物价较抗战全面爆发前上涨少者500倍，多者达2000倍的情况下，仅将邮资增加60倍，极大地殃及了上海邮政员工的收入。此时上海邮政员工的收入，即使仅与抗战期间作比较，亦呈明显下滑。1943年底，最高等级邮务员的全部月收入尚可折米21.4斗，最低等级邮役的全部收入可折米8.8斗，而至1944年底，仅可分别折米6.4斗和3.6斗，由此引发工潮不断；至抗战胜利前夕，更分别降至4.2斗和3.1斗，到了无法维持生计的境地。

邮政经营的艰难，又导致大批员工被迫居家候令。日伪政权接收上海邮政之前，员工居家候令尚且得资半薪，之后即改为留资停薪。上海为全国都市之冠，邮政业务发达，常居全国第一位，因此拥有庞大的邮工队伍。1937年8月，上海邮政有员工3582人，至1945年9月，仅有2738人，另有281人（不含暂拨上海管辖的厦门局员工）留资停薪在家，占职工比率几近十分之一。劫难中的上海邮政，付出的物质代价是沉重的，遭受的经济损失是巨大的。据战后统计，上海邮区在抗战中所遭受的直接财产损失达738634.58元；作为一个长期稳定盈利的邮区，以战前3年营业进款净数平均数计，纯利额减少1亿元以上。

《申报》详细记述了战争时期上海邮政总局的情况，因邮件减少、物价上涨，在生活的重压下，员工们在工作时总念念不忘米、柴、油、盐，因此影响了工作效率，邮递迟延的现象时有发生：

> 北四川路的邮政总局是全上海邮件转运的总枢纽，在战前每天有十六万到二十多万封信件从这里分送到全

世界去；即使是一个极小的村镇，也可以发现盖着上海邮戳的信件。可是现在最多时也只有七八万对信件，最差时竟只有四五万封信件。邮局负有为成千成万人传递消息的重大使命，所以其工作的疏忽和懈怠自将发生严重的影响。

邮局的经济情形目前很困难，主要原因当然是由于寄信者较从前少了，邮费增高也追不上一般物价的上升率。当然还有许多原因，不是局外人所得而知。

邮局员工的薪津每月分三次发给，最低的薪津是二万四千元，最高也不过四万元，这个数目，显然不足维持一家人的正常生活，所以邮务佐、邮务员等的家里也就不得不吃苞米粉、山芋，喝稀饭了。他们在过着清苦的生活，从前为人垂涎三尺的"铁饭碗"，现在已不再为人称美了。因之，有些员工改行，有些"居家候令"，有些贫病交迫的死掉，局里也不再添新人。邮局员工的福利组织一点也没有，只有年龄达到六十岁者退职才有二十万元的养老金，但这权利怎能使每个员工享受呢？

由于生活的重压，员工们在工作时总念念不忘米、柴、油、盐，因此影响了工作效率，邮差因为不常受军警检查和留难，一部分人便经常作点小买卖，或代人运送点米、面、煤球之类，所以，邮筒里的信有时不能准时去收，邮件的分发也许等私事做完了再办，有的拣信生不免打不起劲来工作，于是影响到递送的速度。但本埠收到较迟还有一种原因，那便是检查关系，现在每天由总局发出的四五万对信件中，就有一万多件被抽出检查，这种检查在战时当然非常需要，但因此将延搁三四天，有的长至一个月才能通过。从前检查后全盖"检印"的，现在这手续已省掉了。

邮局员工待遇如不改善，身车等交通工具如不准期行驶，邮递迟延的现象自然不是一时所能改善的。[1]

抗战胜利以前，汪伪政权因为邮政局不是赚钱的机关，便对其抱一种任其自生自灭的态度。那时候，邮局经济困难，不但员工的生活难以维持，而且竟至邮件愈多，亏蚀反而愈大。抗战胜利后，邮局业务发达，和交通情形有密切的关系。南北洋的邮政虽因种种关系，还没有恢复正常状态，但信件还是可以通的。所以，上海邮局的业务蒸蒸日上，邮政大楼异常忙碌。

〔本报特写〕烈日当空，绿色的邮政大楼也似乎面对苏州河喘着气。

在这大楼里面，寄信的人都拿着一封信穿梭似地找寻着自己有关的窗洞，窗洞里面邮员们在不住地揩抹着汗珠……。

阿弥陀佛你碰不得　突然，一位和尚挤进了"挂号"的窗口，在大袈裟中郑重地拿出了一部密封整洁的方形纸包。"大和尚，这包里是什么书？"窗洞内的女职员亲切地问他。和尚双手合十："这是小僧沐手敬书的正楷金刚经，我要挂号寄到……"女职员要为他接过来过磅决定邮资了，和尚立刻缩回纸包，摇晃着脑袋，"阿弥陀佛，你碰不得！"结果一个男性职员用毛巾拭净了双手，恭敬地收受了这部邮件。

四字浓黑十万火急　在和尚满意地转身离开以后，隔壁"快信"窗口跟跟跄跄地跑来一个乡下佬模样的人，手里拿着的信一个角落被烧焦了，上面还插着两根颤巍巍的鸡毛，他惶急而又焦虑的向窗内说："这是一封要紧的信，务必请你用'鸡毛报'寄出去！"邮员们为他那封信背上浓黑的"十万火急"四个大字所感动了，他恳挚地解释现在已没有传驿递邮的"鸡毛报"，但是有一日千里的航空信。他宛转地向这位乡下人保证邮局能在最快的时间内把这封信送到目的地。

咫尺天涯爱人何处　一封从广西恭城发来的信，封面写着不完全的地址："上海二四二四号刘裕？？"

还有一位杨先生发出的也许是情书吧。大概是作书时情绪太紧张了，信封上只甜蜜而懵懵地放着"本市贺杏莲小姐"几个大字。天涯咫尺，到那里去寻这些先生小姐去呢？于是这些邮件统统被检入邮局地下室的一个角落。阴暗森冷，一具具的长方木盒，陈列着不知多少从辽远的地方跋涉过重山深水的信件。这里面也许有来自闺中的芳馨的吻痕，也许有温暖的慰藉，有焦急的期待，也有迫切的申诉；现在都由邮员们分担起它们重逢的命运！

一字之误四方探投　因为一封信上一个字的错误，邮局便要在七条中正路，五条中山路的"东南西北中"五个方向中流徙转戍；或是要到"越界筑路"区内，在三种路名，四种门牌中去发掘；或是要在上海两条同名的宁波路，黄河路……去探询；但是垂危绝望的邮件很多终于得救。

光怪陆离一批贼赃　邮局内也有一所规模很大的旧货摊，这些旧货的来源，虽然不是私货，但的确是贼赃。看手们在市区内得手之后，除了钱钞外，其余向例都是慷慨地乏进邮筒的。所以支票，钥匙，身分证……每天源源不绝地流进了绿色的招领柜，使邮局内平添了许多光怪陆离，琳琅满目的新的"旧货"。有一位来自四川的向仪华小姐，大约也惨遭了偷儿一模，所以这里就放着很多她与爱人的情意缠绵的照片。

绿色意义竹报平安　有一位本市某大商行的老司务，一天突然搬了几十封信件来寄发，职员仔细翻阅，发觉这些信的发出日期都是半月以前的，问他这当中的缘故，才知道被他放在家里忘记了两星期之久了。邮员们苦笑着说："假使收信的人不知道其中究竟，我们的赶班邮筒，行动邮局车，以及一番改进邮政的苦心，都将被他轻轻的抹煞了。"据说交部俞部长曾经觉得代表中国邮政的绿色太深，嘱须改淡。当初邮传事业的采用绿色，原是根据"竹报平安"一语而来，绿竹既是象征平安，那么今后在淡绿光辉下的邮政，当可更加年青地为谋取公众便利而求进步了。[2]

1948年8月，国民党推行劫夺式的所谓"限价政策"和"币制改革"（以金圆券代替法币），引发了始于上海，延及全国的抢购狂潮。金圆券继法币之后几成废纸，上海邮政员工亦深受其害。上海邮局的经营和经济无从超脱大势之外，仅1949年1—5月，亏损达金圆券3903.30亿元。在中华邮政上海邮局的最后经营中，还出现了邮资方面的奇闻。因为物价成脱缰野马，邮资已难有统一标准，上海邮局自1949年5月16日起，使用新发行的4种"单位邮票"和3种"基数邮票"，此类邮票不标明面值，可以根据物价的飚升，随时随地确定相应的面值。上海使用"单位邮票"和"基数邮票"的当天，一封国内平信合金圆券16万元；到5月20日，涨至32万元；到24日，又涨为120万元。[3]因邮资飞涨，需贴邮票越多，造成信件超重，还得盖"欠资"戳；因需贴邮票太多，竟出现把信封贴在邮票上的奇怪现象；还有一些市民发现买大批整版邮票比买纸省钱，就不用它去寄信，而买来糊墙了。

二、改良邮政：昙花一现

抗日战争时期，中华邮政严重遭受日军的控制和干扰，邮路频频调整，业务日趋冷落。抗战胜利后，邮政作为重要沟通渠道，骤然面对公众猛增的用邮需求和邮件量剧增的情况，无从应对，因而邮件延误层出不穷，公众抱怨声不绝于耳。江南作为国民党政府的重要战略区域，抗战胜利后经济有所复苏，上海作为经济、金融中心，对邮政服务的需求尤为迫切。

1946年底，国民党政府交通部长俞大维发起"改良邮政"运动，要求实现"快、安全、普遍与服务"四大目标。快：尽量利用航空运送邮件，设立火车、轮船、汽车等行动邮局，扩展邮政汽车路线，改良投递方法，简化处理邮件业务等项；安全：注意保护邮件，努力扑灭死信，创办报值挂号邮件，扩展航空保价邮件等项；普遍：增设各类邮务机构，增辟邮路，发展边疆邮务，改进乡村邮递，设置示范邮局、通宵邮局、例假邮局等项；服务：设立公众服务机构，以建立邮政与公众之关系，随时明了公众对邮政之意见与要求，并接受批评与建议。

1946年，交通事业视察团对上海邮局进行了全面评估，详细分析了上海邮局的现状，除受环境限制无法实施者外，罗列了邮政经营应行扩充、改良之处。完成评估后，出于适应社会需要，也是为了摆脱邮政面临的困境，上海邮局逐项推出改良举措。

为了使邮件传递更加迅速，上海邮政大楼采取多项措施。如：增设窗口，减少用户排队时间。设置专收挂快函件信箱14具，除不给据外，其余皆按规定手续处理。开取信件，并且收寄快递函件（亦不给据），每日清晨或晚间投入火车赶班信筒，寄往京（南京，下同）沪、沪杭两路沿线各地的邮件，开取后径送北站邮亭，交最近班次发出；对每日下午三时前收寄的本埠信函，均限当日赶投；对子夜一时前

1946年11月，运行在沪宁铁路上的火车行动邮局
（上海邮政博物馆提供）

投入航空赶班信筒的航空函件，赶早的京沪火车行动邮局邮件包封，交各局第一频次投出等。在邮政经济困难的情况下，添置多辆汽车用于邮务。

在邮件传递的安全方面，上海邮局把重点放在扑灭死信上：除每日抽检一部分无法投递的邮件，派邮务稽查访问试投外，在内部处理环节上，指定相关组局开拆袋套44人，兼任邮件安全服务员，代为重封破损邮件，遇有破损或封皮脱落邮件，立予核对重封；在运输过程中采取多项措施，尽量避免在内部处理过程中损毁邮件；通过以报纸为主的媒体，大力宣传扑灭死信的种种，让公众了解并避免产生死信。1947年，死信率为万分之二十七，较1946年的万分之五十一有了明显的下降。

这些措施对公众有利，颇受舆论的推崇。社会各界、中外人士赋予了甚多的正面评价，各报纷纷撰文，认为在经历了抗战期间的摧残，胜利后复员不久，经济支绌，3000名邮局员工收入微薄，困顿、阻碍重重的境况中，上海邮局能致力改良、弃私人、利用人才，去浮华、崇实际，是国营事业一个很好的例子。《密勒氏评论报》在《中国邮政之进步》一文中甚至评述在中国"许多政府机关中，邮政办得最好，这是大家所公认的"。当此时机，上海邮局适时推出了十几年前试办未成，需要社会各界理解、配合、支持的划分投递区编号方法，即邮政编码的雏形。上海邮局将市区划分为18个投递分区，以市区投递支局编号作为投递区域代号。此举主要在于提高分拣函件的速率和准确率，并为机械化操作打基础。唯因条件仍未成熟，收效未宏，此举仍未长久，然而，此举仍不失为邮政改良中的一次重要尝试。此次邮政改良凝聚了许多上海邮局员工的智慧和辛劳，如提出加速京沪两地邮递、设置火车行动邮局、分区投递编号办法和在北火车站设邮亭等多项建议，这些建议均是上海邮局员工在工作实践的基础上提出的。

《申报》报道了邮政的新措施：

1947年6月,行驶在上海街头的汽车行动邮局(上海邮政博物馆提供)

在行政效率普遍低落今日,我们看到中国邮政业务的日新月异,格外觉得难能可贵。我国邮政向来采取"以邮养邮"的政策,在抗战之前,物价稳定,尚能自给自足;但至抗战期间,物价高涨,而邮资增加,落在物价之后,最近政府对于国营事业,又停止贴补,邮政经济的困难,是不难想象得之的。但是邮政经济尽管困难,革新措施却仍层出不穷,实在值得称许。

邮政总局昼夜办公,各处分局也无例假,离开邮局较远的市民,若嫌往来不便,则有流动邮局按时驶过,只要在路旁守候,就可以寄信或汇款。在投递方面,自实行分区编号的办法以来,更见迅速,同时又发动消灭"死信"运动。所以今日上海的邮政,确实堪称得上"稳""廉""快"三字了。邮政上这种不可多得的成就,不仅为舆论所称道,而且也为人民所拥护,事实是最好的宣传,原无需我们再有所费辞。但是最近因为中秋佳节的将届,邮政当局为移风易俗起见,又特下令禁止邮差讨索"节省",并悬赏奖励人民检举,这种贤明措施,更使得我们的赞助。

邮政当局不仅竭智尽能改进业务,使邮政完全为人民服务，而且欲进而变换社会的风气，其意义格外重大。但愿市民共同协助，并盼望其他公用事业也闻风响应。[4]

随着国民党政府内战越打越输，经济日益恶化，通货膨胀越来越严重，邮政亏损也越来越大。邮资一涨再涨，到1949年，国民党政府即将垮台时，邮资已不可能有统一标准。在这种混乱状态下的"改良邮政"运动，就是昙花一现，很快推动不下去了。改良邮政之举，虽称不上惊天动地的举动，但亦能称得上在历史长河中激起过一番浪花。

《申报》有人撰文分析邮政亏损的原因，主要是物价上涨太多，邮资低廉，不敷成本，故信件愈增加，亏损亦愈大。

我国邮政，向采"以邮养邮"政策，即以邮政收入维持邮政支出，战前物价稳定，邮政堪能自给自足，抗战以来，物价高涨，运输费用及业务开支等，均随物价激增，而邮资增加，远落在物价之后，致邮政经济，亏损数字，与日俱增，计三十年亏损四千五百万元，三十一年亏损一亿四千五百万元，三十二年亏损七千二百万元，三十三年亏损七亿一千五百万元，三十四年亏损七十四亿八千八百万元，三十五年亏损八百六十二亿九千万元，本年一月至五月亏损估计约在九百亿元左右，虽政府有部份贴补，而每月亏损数字仍极惊人，分析亏损原因，约有下列几方面：㈠物价高涨支出激增；邮政收入受邮资限制之影响，未能及时增加，而邮政支出，则随物价的汹涌奔腾，随时增高，诸如邮件运输费用，业务设备费用，以及一切行政开支，无不随物价之高涨而递增，如目前每封平信邮资为国币一百元，而每枚邮票之印刷成本已达三十八元，倘一封平信贴二枚邮票，则邮票本身成本已为七十六元；若在邮政代办所交寄，尚须扣除代办所手续费，所余绝对不敷一封信运输寄递成本。又如寄递新闻纸，每束纳费仅国币十元，购贴邮票一枚之印刷成本则为三十八元，如不贴邮票免费寄递，反可少亏损成本二十八元，估计邮局对于寄递新闻纸一项，每月亏损在国币四十亿元以上，其他印刷品及□□等寄递，亏损更大。㈡邮资过低加价太迟：现在一般物价较战前涨二万余倍，邮资以战前一封平信五分与今日一封平信一百元计算，仅增加二千倍，增加倍数既不能与物价成比例，而加价时间又远落在物价之后，如三十四年十月一日起平信一封由二元增为二十元，至去年十一月一日始再增为一百元，以迄于今，未有变动，而物价则瞬息万变，以目前二千倍的收入，负担二万多倍的支出，当然只有亏损。㈢包裹业务衰落信件数量增加：战前交通畅通，商业发达，邮政每年收寄包裹在九百万件以上，故包裹业务收入之向为邮政收入大宗，现则国内战乱不已，交通阻滞，包裹业务，无法发展，三十五年度收寄包裹仅七十四万件，为战前十三分之一，业务一落千丈，而信件却以邮资低廉，收寄数量与日俱增，尤以挂号信件与快递信件为最，民国二十五年每月平均收寄信件为七三，四七三，〇〇〇件，本年三月已增为九四，〇四六，〇〇〇件，因邮资低廉，不敷成本，故信件愈增加，亏损亦愈大。邮政经济之不能维持，略如上述，如何弥补，以资挹注，确为当务之急。如果政府经营邮政是以便利人民为目的的，便不应计算成本，所有邮政的亏损全部该由政府贴补，以达到"稳""快""廉"的目标；如果邮政的经营系采"以邮养邮"政策，则邮资的厘订，最低限度应勉敷成本，使这服务群众的业务机构能继续维持和改进，孰舍孰取，当局应有明确之决定，决不可游移于二者之间，补贴既不够，加价又不足，形成目前不死不活的局面。以往邮权操在外人手里，不论人事行政，经济支配，完全是独立的，北伐以后，邮政虽正式归入交通行政系统，但多年以来，当局对邮政还是一贯的采用"以邮养邮"政策，邮政的收支盈亏，完全由邮政自行解决，盈余时即以多余的款项改进业务。亏损时消极办法是力求紧缩，裁员减政，以节开支，积极办法是增加邮资，以资挹注，或者消极办法和积极办法二者兼用，总之自己的困难，自己解决，不必仰求政府，人事行政亦自成一独立系统，不容一个未经考试的人入局，亦不容一个违法舞弊的人在职，过去邮政的光荣历史，完全建筑在这经济独立与人事行政独立的政策上，但自抗战以来，因物价的激烈变动，邮资加价受种种限制，邮政经济不能自行支配，致陷于艰难绝境，在此情况下，而邮政仍能力求改进，最近南京上海等地有示范邮局、通宵邮局、汽车行动邮局等设施，同时尽量利用航空载运普通邮件，添设火车行动邮局，日夜工作，本地邮件当日投递等，凡此种种，或为改进服务，或为加速邮递，无不予人民以极大便利。我国自胜利以来，因政治问题未有合理解决，一切均呈纷乱局面，今日国营事业中，比较可以值得称道的，殆惟邮政一项，而今邮政亦在经注极度艰难中挣扎，虽赖优良人事制度精神之不断发扬，尚能勉求改进，然巧妇难为无米之炊，势亦不能维持久长，邮政为一服务群众之必需机构，不能一日没有邮政，对当前邮政面临之经济危机，我们不可坐视，希望政府速筹有效补救办法，以维持其服务机能，使此具有五十年光荣历史之事业，继续创造更光辉之前途。[5]

三、护局斗争：保护大楼

1949年5月26日，中国人民解放军挺进苏州河，准备解放上海。他们从23日夜里开始向市区发起总攻，一路长驱直入，进军神速，没想到被一条苏州河挡住了攻势。苏州河北畔的高楼大厦成为守军负隅顽抗的据点，邮政大楼便是

1949年5月,市民在围观四川路桥畔缴获的坦克
(上海邮政博物馆提供)

1949年5月,解放军向盘踞在邮政大楼的残敌发起进攻
(上海邮政博物馆提供)

其中之一。要想进入上海,必须先突破邮政大楼。国民党在撤离之前,对上海邮政大楼下的命令是炸毁,宁可玉石俱焚,也不愿让其落入共产党手里。而共产党的政策是保护,这栋美轮美奂的标志性建筑,这颗上海滩上的明珠,是上海人心中的瑰宝和骄傲,怎能让它在战火中毁于一旦?毁邮与护邮的工作在国民党和共产党之间如拉锯般展开。

解放军的机枪大炮在苏州河对岸架设,数万大军军容整饬,枪口、炮口齐齐对准了邮政大楼。邮政大楼内,两百名国民党军严阵以待,用重机枪居高临下扫射。桥头路口又都筑有坚固的碉堡,配有坦克装甲车,把河面、桥面、路面封锁得水泄不通。

奉命攻打四川路桥的是中国人民解放军三野九兵团第27军79师235团(著名的"济南第一团")1营的全体将士,其中包括最先突破长江天堑的赫赫有名的"渡江第一船"235团1营3连2班的12名战士。这场战斗异常血腥严酷,因不能使用重型武器,在敌人密集的弹雨火力中,进攻的官兵几乎成了对方射击的活靶子,突击的勇士一批批倒在四川路桥的桥面上。担架队、卫生队又无法上去,眼睁睁地看着负伤倒地的士兵流尽鲜血。看着前面桥头河边那一片片还在流着鲜血的尸体,三野军长聂凤智心里痛苦万分。思前想后,聂凤智作出了决定:炮弹仍一发也不准打。事后他

第三章　　　　　　　　解放战争时期　　89

讲，这是他当时唯一的选择。[6]

27军79师235团3营7连指导员迟浩田回忆说："由于没有炮火的掩护，我们部队伤亡很大……看着战友一个个倒在血泊中，许多同志愤怒了，把大炮架起来，要求指挥员批准向敌人开炮。"[7]

1营营长董万华面对停在桥头上的敌军的坦克装甲车火冒三丈，命令炮手开炮，又千叮咛万嘱咐一定要打准。董万华对炮手说："你打到其他地方我把你手刹掉。你吃不了兜着，我吃不了我也得兜着，因为有指示，有命令，不准打炮。……开始打的几炮很好，用的是穿甲弹，不是用爆破弹。……其中有一炮打在邮政总局的二楼窗上。"[8]这是整个市区之战中，解放军唯一一次动用火炮的地方。如今走进邮政大楼332室，仍可见玻璃上保留着一个孤零零的弹孔。这颗"不修复"的弹孔，正是这一战役中留下的印记。

当子弹在空中穿梭呼啸时，几个邮差背着一袋邮件出门，高声喊道："我们是邮差，这些都是急件，今天必须送出，请让路！"两军交战，纵使是美国总统、英国女王，任

邮政大楼332室留下的弹孔（上海邮政博物馆提供）

何的大人物到场，也不可能让两军停火去为他让路！然而，这是邮差！邮袋里的一封封书信、一个个包裹就是一颗一颗的心，这里面可能也包含着在场这些官兵的心，父母妻儿，骨肉相连。"停火！让邮差先过！"双方同时停火，硝烟弥漫的战场暂且安静下来，一队穿着制服的邮差骑着邮车，驮着包裹信件，从两军交战的硝烟中穿过。直到邮差们的邮车走远，已走出枪炮射程，抵达安全区，一声"打！"，双方又开始弹火纷飞，打得不可开交。

在激烈交战的邮政大楼内，大厅内的邮政日常工作依然在有条不紊地进行，填单子、写信封、收寄包裹邮件……井然有序。"包裹组，保护好档案文件，不能让国民党破坏！驾驶员，去天井放掉汽车轮胎的气……"邮政大楼里，局长王裕光和包括14名地下党员在内的200多位职工并未弃楼离开，而是留下来共同护局。

为了使上海邮局完整无损地回到人民手里，中共地下党组织指示邮局接管小组不仅要保护好资产、设备和档案，更重要的是使邮局在特殊时期保持正常的通信状态。接管小组在研究这一问题时，认为代局长王裕光的去留是关键，于是，决定由中共地下党员戴孝忠负责做王裕光的工作。王裕光平静地表示：一定尽力而为。

为了广泛发动和组织群众，保护邮局，迎接解放，邮电党委组建了党的外围组织——上海邮电员工联合会（简称"邮电联"）。邮局党总支带领地下党员，以积极分子为对象，秘密地个别吸收会员，并在群众中以谈家常的形式，宣传天亮在即的形势，指出要防止国民党逃跑前进行破坏，人民不能一日无邮政通信，邮政职工要保住与自己职业休戚相关的邮政大楼。短时间内，邮电联成员发展到200多人，分布在邮政大楼各间、各支局。邮电联在上海邮政大楼中的成员大部分是邮务佐、听差、信差和邮役，在各支局中的成员大多数是信差。

邮电联在广大群众的协助下，摸清了大楼内的财务情况，将设备工作、档案柜、工作台椅等财产，一一详细制作了清单，并交给了组织，供接管时参考研究。同时，开展对邮局行政和工会上层人物的统战工作，向行政和工会上层人物发劝告信，寄发中国人民解放军《约法八章》，要求保护好有关财产设备、文书档案等资料；出版地下报纸《职工生活》和《上海通讯》。通过地下党对代局长王裕光的耐心劝导，以及朱学范对工会理事长王震百的教育推动，行政和工会成立了保护邮局委员会，王裕光任主任，王震百任副主任。为避免引起警备司令部的注意，护局委员会对外的公开名称叫消防队。消防队拟定了工作纲要，并以局谕发出号召，广泛吸收职工参加。纲要提出："本队以保护局屋设备、资产、公物，并谋整个邮政安全为宗旨。"王裕光为消防队总队长，凌鸿钧、王震百两人为副总队长。下设总务、消防、防卫、交通、救护、供应六个组，组下设各个分队，其中不少共产党员都被列为各组队的负责人。在这公开合法的组织中，各组队公开地进行值勤训练，女职工大多参加救护组，在懂医学知识人员的指导下，学习包扎救护。供应组还不失时机地购买了大米、面粉、咸肉、酱菜，存放在大楼里，以备值勤留守者食用。这些措施对保证邮政大楼内200名护局员工两天两夜的斗争，起到了重要的保障作用。

护局委员会成立后，立即举行了消防和救护演习。消防队使用了救火的水龙带、灭火器等，救护队演习了对伤员的包扎护理。此次演习公开进行，参加人数又多，引起了国民党警备司令部的注意，他们派人来邮局追查是谁发起组织的。这时，王裕光出面承担责任，说明演习是为了保护国家财产和职工的人身安全，别无他意。来人看到是行政、工会负责人公开发起的，找不出什么岔子，便以此为辞，回去交差，以后没有再来。

5月25日凌晨，苏州河以南地区已获解放，国民党军队退至苏州河以北，邮政大楼被国民党青年军204师通信营200人占领。早晨7点以后，邮政大楼被完全封锁起来，所有人不能进出。王裕光坚守自己的岗位，为了与中共地下党组织保持联系，他专门安排人员守候在电话机房。留守在大

邮电员工联合会护邮钤记
（上海邮政博物馆提供）

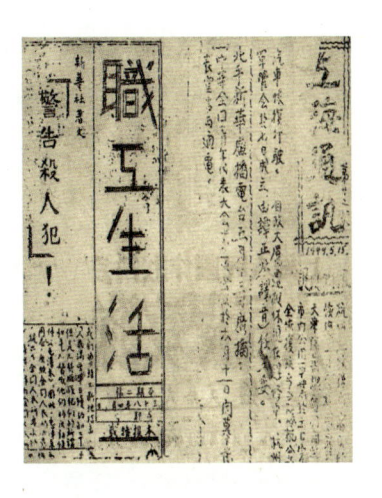

1949年，中共邮局地下报刊号召邮政员工展开护局斗争
（上海邮政博物馆提供）

邮电联和纠察队员佩戴的臂章
（上海邮政博物馆提供）

楼里的人员，根据演习时的要求和分工，有组织地先集中到地下室工作间，大家表示一定要同心同德，患难与共，尽力保护好邮局的财产设备，绝不能让它受到损害破坏。之后，大家分头去各处观察情况，当发现国民党士兵在三楼南面窗口架设机关枪，要用枪托把大玻璃窗砸碎时，立刻上前劝阻，用工具把大玻璃拆卸下来搬走，放在安全处保存起来。国民党士兵还想把存放文书档案的柜橱拖来当掩体，职工也赶快把柜橱移到北面房间去，避免交火时被枪弹击破。

26日上午，中共地下党组织指示，护局委员会除了护局，还要利用一切机会敦劝国民党官兵缴械投降，并告知其全市大部分地区已经解放，桥南的支局已开门营业，信函照常投递，只等他们放下武器了。王裕光亲自带头做国民党军官的工作，同时安排留守职工努力做士兵的工作。大家分头找国民党士兵谈心，劝他们想想家里的老小在等着他们回去

养家糊口,千万不要再为国民党卖命了。当看到有的士兵乱投掷弹筒发泄怨气时,大家就上去劝告,说这会伤害无辜百姓,不要再投了。有些士兵想抢劫财物,闯到包裹房看有没有"油水",被守护的职工阻拦,指出里面都是信函包裹,说不定还有寄给他们亲人的东西,不能拿走。有的国民党士兵为了逃命,到处找汽车,找司机,因职工事先已有准备,留守的司机已把车辆轮胎里的气放掉,拉掉了点火电线,以致汽车无法启动。

26日下午,王裕光委托住在四楼宿舍的职工唐弢与苏州河南岸通话,通过熟人联系上了上海市代市长赵祖康。赵祖康根据中国人民解放军联络员指示,打电话给王裕光,要他向大楼内的国民党军队传达中国人民解放军的五点决定:停止战斗;放下武器;愿留下的予以整编;不愿留下的资遣回家;尊重他们的军人人格。限定投降时间不迟于当天下

1949年,邮政大楼员工开展护局斗争,邮政大楼完好地回到人民手中
(上海邮政博物馆提供)

午 4 时。王裕光把这些决定和限定的时间，转告给大楼里的国民党军官，并和王震百等人做他们的劝降工作。但敌营长仍然抱有幻想，眼看离 4 点只差半个小时，王裕光不顾个人安危，率领护局委员会成员冲进营长邓德鑫的办公室。该营长听后垂头丧气，说早在 26 日早晨，204 师师长就逃跑了，他与上级团部又联系不上，于是掩面哭泣，喃喃自语道："我被出卖了。"曾经当过军邮的杨玉林、王福生立即打开玻璃窗，跳上窗台，把白被单扯开，向外拼命地摇晃，提高嗓门大喊："投降了！投降了！"邓德鑫目光茫然，低头默认。

与此同时，楼外的解放军战士也改变了战术——正面佯攻，牵制敌人，而后兵分数路，从侧面涉过苏州河，抄敌人后路。在上海地下党的帮助下，很快，解放军就直插入了国民党军的背脊。一时间，国民党军阵脚大乱、混乱不堪，整个防线崩溃瓦解……5 月 26 日晚 9 时，国民党通讯营向解放军缴械投降，在蒙蒙细雨中排着队，垂头丧气地离局而去。

经过两天两夜的护局斗争，邮政大楼完整地回到了人民的怀抱，没有丢失一封邮件、损失一件设备或遗失一份档案。27 日晨，邮政大楼屋顶旗杆上升起了鲜艳夺目的红旗，红旗迎风飘扬，显示了上海邮政的新生。

注 释

1. 《战争时期的上海邮政总局》,《申报》1945年3月14日,第2版。
2. 《踉跄拥挤络绎不绝 邮政大楼形形色色》,《申报》1947年8月11日,第4版。
3. 高仰止、杨金鳌:《邮政大楼话沧桑》,吴汉民主编:《20世纪上海文史资料文库(5)》上海书店出版社1999年版,第370页。
4. 《邮政的新措施》,《申报》1947年9月22日,第2版。
5. 汤锡椿:《今日的邮政》,《申报》1947年6月28日,第7版。
6. 李鹰、张林:《龙起大江头:上海战役》,《传奇·传记文学选刊》2017年第12期。
7. 李鹰、张林:《龙起大江头:上海战役》,《传奇·传记文学选刊》2017年第12期。
8. 李鹰、张林:《龙起大江头:上海战役》,《传奇·传记文学选刊》2017年第12期。

SHANGHAI POST OFFICE BUILDING

上 海 邮 政 大 楼

第四章 回到人民手中

1949年5月，上海解放，上海邮政的性质发生了根本变化，从官僚资本转变为人民所有，这是上海邮政发展历程中的转折点。从新中国成立初期至20世纪60年代，上海邮政积极发展邮政业务，大力推进普遍服务和技术革新，建成了第一个实验性质的卢湾自动化邮局，广泛开展劳动竞赛，提高邮政服务质量，促进邮政稳步健康发展。自党的十一届三中全会召开后，上海邮政加快通信建设，开办了邮政EMS业务，恢复了邮政储蓄业务，颁布《邮政法》，呈现出良好的发展局面。自20世纪90年代初起，伴随浦东改革开放的热潮，上海邮政面向市场，实施规范化服务，依靠科技兴邮，推进了邮政发展。此外，邮政大楼还走出了乒乓球名将王传耀、邮政书法家任政、篆刻名家叶隐谷等。

一、顺利接管

1949年5月28日，邮政大楼的天井里，职工载歌载舞，在"解放区的天是明朗的天"的歌声中，军代表陈艺先率领李长剑、李斌、张伟华等接管上海邮政。李长剑接管人事，李斌、张伟华接管函件、运输、包裹、支局。军事接管工作于1949年11月完成，华东邮政管理总局任命陈艺先为上海邮政管理局局长，王裕光为副局长。

根据上级党组织指示，邮局党总支成立了接管小组，为解放后协助接管邮局作准备。接管小组的主要任务：一是保护好邮局的资产、设备和档案；二是稳定邮政职工队伍，特别是做好对邮局行政领导和邮务工会上层人物的引导转化工作。

接管组在接管步骤上，安排了三个阶段：一是通知各单位行政主管，造具企业的人、财、物和通信业务状况的移交清册和报表。同时，广泛深入地宣传政治、时事形势，宣传接管工作的意义和方针、政策，一面安定人心，一面组织人员全力抢修被战争破坏的长途通信线路，全面恢复邮、电通信；并通过筹建工会，团结教育职工，提高职工的政治觉悟，依靠工会贯彻军事接管组的各项任务，让各军事代表、联络员、助理员深入基层、深入群众，开展调查研究。二是依靠企业地下党组织，由工会筹建组出面，在各部门组织清点工作学习班，培训骨干，发动群众参加清点工作，成立领导与群众相结合的清点委员会，通过群众性的清点，正式办理交接工作。三是根据清点中发现的冗员过多、浪费严重、贪污，以及由于江南地区未全部解放带来的通信业务下降、亏损严重、财经困难等情况，开展整编节约运动。多余的编制，组织政治轮训。待以上三阶段工作基本告一段落时，由上海人民政府正式任命局长。

邮局的军事接管组，从进驻之日起，就开始抓邮政通信业务。5月29日，发布第一号局谕，宣布自5月30日起，停止使用国民党政府所颁之"各类邮件资费表"，同时停止出售国民党时期发行的金圆券邮票、单位邮票及基数邮票。30日起，收寄各类邮件，均按照华东解放军第4号资费表收取人民币，贴用华东解放区邮票。封发至外埠的邮件，一俟铁路、公路、航运畅通，立即组织人力抢运，使各类进口、出口和转口邮件趋于正常发运。

1949年6月初，在上海总工会筹备委员会领导下，上海邮局筹建工会，至11月，相继正式成立上海邮政工会。通过工会，一是把党和军代表的想法变为职工的自觉行动。

上海刚解放，军事接管工作任务繁重，职工革命热情高涨，踊跃发表不同的意见。各工会为充分发挥党联系群众的桥梁作用，在各项工作中均注意贯彻说服教育的原则，有事同大家耐心商讨研究，以求得一致意见，并付之于行动。二是依靠工会提高职工的政治觉悟，发挥工会的共产主义学校作用。当时职工最根本的利益就是巩固新生人民政权，打击残余的现行反革命分子，维护社会治安和企业通信安全，驳斥国民党要反攻大陆等谣言；在经济方面，国民党时期沿袭下来的投机活动猖獗，银元贩子兴风作浪，市场上生活必需物资紧缺，物价飞涨。各工会筹建组，均从维护工人根本利益着眼，发动职工站稳立场，与坏人坏事作斗争，经常宣传时事形势，提高胜利的信心，动员大家克服暂时困难，粉碎国民党的封锁，支援前线。同时，为了帮助部分职工解决实际困难，办好职工消费合作社，工会提供了职工困难补助和互助贷金，以减轻职工负担。

工会工作组进点后不久，着手组建文教科，创办了《上海邮工》等油印小报，根据形势的需要，每周出版三四期，以做到及时交流动态，反映全局的中心工作和职工思想，以及推广先进事物和先进思想。与此同时，工会也先后办起墙报、黑板报，成立邮政文工团、电信文工团，广泛开展各项文体活动。在业余活动中，到处洋溢着"解放区的天是明朗的天""没有共产党，就没有新中国"的歌声。篮、足、排三大球和乒乓球活动，均进一步开展，以贯彻好寓教育于健康的文体活动之中的精神。工会小组均配置文教干事，广泛组织业余读报和学习政治活动，先后学习《人民日报》刊载的驳斥美国艾奇逊的《白皮书》的文章，系统地学习毛泽东主席发表的《论人民民主专政》等文献。

在清点接管中，接管组发现在国民党统治时期，存在浪费严重、管理不善、机构重叠、冗员过多的现象。同时，上级组织因财政经济困难，提出整编节约的任务，要求企业达到自给自足，自力更生。上海邮局通过整编，发现多余两百余人，又通过预测业务发展的情况，决定多余人员不作编余处理，而是采取抽调职工进行政治轮训的办法，每期一百人，学习一个月，以提高职工政治认识水平，并培养干部。

解放了，时代不同了，邮政工人强烈要求真正翻身做企业的主人。解放前，投递员叫邮差，组长叫差长，分拣员叫听差，正式搬运员叫苦力，临时工则叫"野鸡工"。他们进局工作非常不容易，除到处哀求找担保外，逢年过节还要向担保人送厚礼，增加了经济负担和精神压力。解放了，工人们纷纷要求废除这些侮辱人格和不平等的称呼，为自己"正名"。军管组认为职工的要求是完全合理的，采用公告形式，公布一律改称为投递员、搬运员、分拣员。随后又召开千人大会，当众烧毁保单。工人鼓掌欢呼，热泪盈眶，争相发言，他们说："我们真正翻身了！党让我们当了国家主人，当了企业主人，我们要做好工作，感谢共产党！"散会后，工人举着"我们是企业主人"的大牌子进行了游行，场面感人，令人难以忘怀。上海不少知名演员如周小燕等，还主动到邮局新栈房进行慰问演出，祝贺邮政工人解放翻身，当家做主人。

二、中国加入万国邮联始末

成立于1874年的万国邮政联盟（简称"万国邮联"或"邮联"），是全球性的国际邮政组织。1878年，万国邮联召开第二届大会时，即邀请中国入会。

负责主持海关邮政的赫德，曾在1893年8月20日，致函中国海关驻伦敦办事处税务司金登干，对于中国加入万国邮政联盟的事，提出了五个问题，要金登干去伯尔尼有关方面了解。这五个问题是：加入的申请书怎样提出；中国和瑞士没有条约关系，能否直接联系；申请书由谁签字；入会后经费如何支付；要求瑞士派熟悉国际邮政业务的人员来华工作。同年12月，金登干曾去伯尔尼会见瑞士外文部长雷拉尼和国际邮政公署署长霍恩，数次会谈如何申请入会的具体问题。1893年12月8日，金登干回复了赫德。但是赫德对中国邮政加入万国邮联的态度并不积极。他的理由是：

"大清邮政虽已创办，中国各地的民信局还将继续存在，外国的客邮局的利益也应得到迁就。"万国邮政联盟无法帮助中国解决这种多元的邮政状况，因此，只有一方面争取在原则上得到万国邮政联盟的承认，另一方面则避免因加入该组织而带来的责任。

虽然清末中国一直没有加入万国邮联，但1896年成立国家邮政时，总理衙门曾据海关总税务司赫德的申请，由出使英国大臣照会瑞士政府，声明中国已开办邮政官局，候有成效，即将加入万国邮联；并请转达各成员国，自1897年1月1日起，凡邮联会员国之文函等件寄抵北京、天津等通商口岸共24处，均可以交由中国邮局代为传递，毋庸多给资费。1897年，中国邮政又与在华设立"客邮"的邮联会员国订立了交接邮件办法，其中规定凡寄至中国境内之信件，应贴中国邮票；凡封包之信件交付中国邮局者，应缴纳资费。同年5月，万国邮联第五届大会在华盛顿召开，承美国邀请，中国驻美钦差大臣伍廷芳列席会议。伍廷芳在大会上承诺，一俟中国办理邮政稍有端倪，当即加入万国邮联。邮联大会随即决定，允许中国随时入会。

1906年，第六届邮联罗马大会后，中国自觉地向万国邮联的规定靠拢。自1907年起，自动执行了邮联所规定的国际信函单位计重标准和国际信函资费标准。1909年，开始在普通邮票的刷色上，与邮联的规定保持一致。1910年，邮传部奉旨依议，制定分年筹备邮政清单，打算于1912年加入万国邮联，并特地注明要借机与"各国提议裁撤客邮"，但未及实行，清朝即告覆亡。

中华民国成立后，1913年，中国欣闻万国邮联大会拟于次年在马德里举行，于是派邮政总局总办帛黎赴欧筹划参会事宜，并声明先行于1914年3月1日正式加入万国邮联。由于第一次世界大战的爆发，这次邮联大会未能如期举行，但万国邮联还是很快予以回复，接纳了中国，并承认了中国政府声明的入会日期。1914年9月1日起，中国实施万国邮联主要章程（即《万国邮政公约》）。1918年7月1日，中国邮政开始办理国际回信邮票券业务,各邮局及邮政支局,均备有此项国际回信券,向公众出售,每券售价银元1角2分。国际回信券,由万国邮联统一印制,依成本供应各会员国,可在另一会员国兑换相当于一封国际平信起重邮资的邮票,主要供寄信人寄给外国收信人时,兑换成所在国邮票,以备回信之需要。中国始办此项业务时,邮联规定的国际平信起重邮资是25生丁,正合中国银元1角。所以,持有他国所售之国际回信券者,均可在中国邮局兑换1角邮票一枚。

1914年,中国虽然加入了万国邮联,却并未达到"裁撤客邮"的目的。但是,中国加入万国邮联,是个进步。万国邮联是成立最早的国际常设组织之一,且保持着完全的独立。在1874年签署的第一个国际邮政公约中,成员国的领土即被视为一个单一的邮政区域,对每一邮件实行一次性付费,不管其跨越了多少国家,所有的包裹都按国际标准价寄送。中国的加入,无疑提升了自身的国际地位。

新中国成立后,中国一直努力争取国际对新政权的承认。1950年5月15日,万国邮联执委会拟在瑞士蒙特罗召开第四届会议,邮联执委会秘书长赫斯向"台北邮政"发出会议邀请。周恩来分别致电联合国秘书长赖伊和万国邮政联盟执委会秘书长赫斯,告以中国将派邮政总局局长苏幼农为代表,出席蒙特罗会议,并要求驱逐国民党集团的所谓参会代表。这是北京方面首次寄往万国邮政联盟的文件。新中国的提议遭到国民党方面的多方阻挠,代表权问题没能得到解决。会议一开始,苏幼农未能参加会议,外交部指示驻瑞士公使馆派人参加会议。[1]

在蒙特罗会议上,苏联、南斯拉夫、印度、捷克等国家支持新中国的代表权资格,瑞士提出新中国代表为"中国唯一合格的代表"出席"本届会议"的提案。该提议得到英国、瑞典等国的支持。最后,会议以秘密投票方式,以6票赞成、5票反对、4票弃权的结果通过瑞士提案,国民党代表离开会场。随后,万国邮政联盟会议秘书长赫斯在16日正式将这一决定告知周恩来,同时请中国方面明确苏幼农局长抵达的具体时间。这是新中国争取在国际组织机构中的代表权的第一次胜利，也是新中国成立后首次正式参加国际会议。经新中国政府任命，苏幼农（全权代表）、戈宝权（顾问）、徐传贤（随员）三人在5月24日参加会议。

1951年1月，中国又派苏幼农、戈宝权、徐传贤参加在开罗召开的万国邮政联盟执行与联络委员会及国际航空运输协会洽商的联席会议。但是随着"冷战"加剧，东西方关系日益恶化，在以美国为首的西方国家的多方挟持与操纵下，万国邮联在1951年3月发出通知函，征求各会员国对中国在万国邮联中代表权的问题意见。4月21日，万国邮联国际局发出通知，告知在86个会员国中，有33个国家同意国民党政权，23个国家同意中华人民共和国，此外有30个会员国弃权，由此，中国被剥夺了万国邮联的合法权利。在以后的21年中，中国与万国邮联的一切联系也中断了。

中国在联合国的合法席位，直到1971年联合国第26届大会决议通过才恢复。1972年4月13日，万国邮联通过决议，承认中华人民共和国政府为万国邮联的合法代表。

三、从"邮发合一"到"邮电分营"

解放前，上海的报刊发行，大体有三种情况：较大报馆自办发行，直接掌握一批订户，雇用送报员送报，同时向私人派报业批发，依靠他们收订和零售；一些中等报馆只掌握批发，不办具体发行业务；另有一些报馆，将报纸全部交私人派报业包销。无论哪种情况，发行权实际操纵在私人派报业的少数人手上。

邮局发行报刊，始于解放区。解放战争期间，在晋鲁豫边区，成立了"战时邮局"，实行"邮、交、发"（邮局、交通、发行）合一，这是最早的"邮发合一"。解放后，随着国民经济建设和文化建设的发展，人民群众迫切需要阅读报刊，了解国内外最新动态，原有发行渠道已不能满足广大读者需要，且报社也无力把发行工作扩大到广大农村和边远地区。因此，1949年12月，全国邮政工作会议和全国报刊经理会议共同研究决定，经党中央、政务院批准，在全国范围内实行"邮发合一"。"邮发合一"统一了国内发行系统，减少了浪费和混乱，也方便了读者，增加了邮政的业务收入。

上海邮局在华东地区率先实行"邮发合一"。1950年4月25日，上海邮局与《解放日报》就报刊由邮局发行一事签订合约，邮局的陈艺先、荣健生和报社的恽逸群、夏其言在合约上签字；5月1日，《解放日报》《劳动报》《青年报》分别根据协议，交邮局发行。报刊发行机构也与邮局合并，1950年9月1日，《展望》周刊成为第一个由上海邮局发行的期刊。1953年1月，原由上海新华书店发行的各种杂志统归邮局发行，至此，上海邮局"邮发合一"的任务圆满完成。上海邮局接受报社、新华书店报刊发行后，一方面建立制度，改进工作；另一方面组织和发展社会报刊发行站扩大报刊发行业务，使发行量不断增长。1950年"邮发合一"时，发行报刊121种（包括订销），每期发行25.3万份；1952年，发行报刊22种（包括订销），每期发行104.2万份，增加311%，基本上满足了读者对报刊的需求，充分发挥了报刊宣传、鼓动和组织的作用，有力地推动了上海的经济恢复和发展。

邮局发行报刊意义重大，"邮发合一"符合广大读者的愿望。报刊由邮局发行，其一，加快了报刊传递速度，邮局对报刊发行与信函同等对待；其二，扩大了报刊发行面，凡是邮局经办的报刊，全国各地都能看到；其三，为读者订阅报刊提供方便，过去读者订阅几份报纸要找几个报社和发行站，现在可以就近到任何一个邮局订阅，且邮局管理严格，网络组织严密，能保障广大读者的利益；其四，服务态度进一步改善，邮局发行报刊，讲究经济效益和社会效益统一，优先考虑社会效益，始终把为读者服务放在第一位，不断提供优质服务，坚持"上门订报""预约零售""流动服务""早报早送"等服务。

邮电体制经历了邮电分设、邮电合一和邮电分营的历

20世纪50年代初,在文化广场举行上海市发行员大会

(上海邮政博物馆提供)

程。这种"邮电合一""政企合一"的管理体制,在计划经济时期符合生产力的发展要求,为邮电系统摆脱困境、建设基础通信网络、增加经营收入起到了重要作用。如改革开放带来中国邮电行业的大发展,年增长将近40%,在世界上是最高的。但随着改革的深入,中国逐渐由计划经济向市场经济转变,"邮电合一""政企合一"的管理体制逐渐暴露出各种问题。可见,邮电分营是社会进步的需要,是邮电发展的大势所趋。伴随着国家信息产业部的诞生,筹备多年的邮电分营工作全面开展。

根据1992年政府机构改革实行"政企分开"的方针,《邮电部"三定"方案》获国家编制委员会批准,同时明确邮电机构必须改革"政企合一"的管理体制,逐渐推行政企职责分离。自1992年伊始,邮电部推行政企分开的"三步走"步骤。第一步,在邮电工业、物资、施工、集邮等单位最先实现政企分开,把邮电两个总局的行业管理职能转移到综合部门,把综合部门的企业管理职能转移到两个总局,并设立了政策法规与通信行业的机构。第二步,1994年3月,国务院要求深化邮电管理体制改革,国务院批准的《邮电部

"三定"方案》要求:邮电部须进一步实行政企职责分离,强化对通信行业的宏观管理,并相应组设邮政司与电信政务司,把邮政总局、电信总局分别变为自主核算的企业局,分别独立开展全国公用邮政、电信通信网与邮电基本业务,并担负普遍服务的义务。第三步,积极创造条件,为最终实现邮电分营、政企分开做准备。

上海邮电分营工作在信息产业部的统一领导和部署下,从1998年4月下旬起,至1999年1月1日新组建的上海市邮政局挂牌独立运作,共历时8个月。管理局成立了以程锡元局长、陈素贤书记分别为正、副组长的邮电分营工作领导小组,领导小组下设分营办公室(体改办)。管理局对分营工作采取了强有力的组织领导,认真贯彻了信息产业部对邮电分营工作的一系列文件精神,并在充分调查研究的基础上,结合上海邮电的实际情况,实事求是,精心部署,有序操作。整个分营工作分为三个阶段,即郊县(区)邮电局分营,附属非通信企业事业单位的邮电划分和管理局机关(人、财、物)的邮电划分。自1998年9月1日至年底,郊区14个邮政局、电信局全部挂牌独立运作。关于非通信企业事业单位的人员划分,划分至邮政和电信的在职职工分别为1401人和3272人,离退休职工分别为524人和1329人,1999年1月1日,新组建的上海市邮政局挂牌。上海邮电管理局机关本部划分后,在职职工划分至邮政295人,划分至电信524人;离退休职工划分至邮政134人,划分至电信258人。[2]

四、特快专递、邮政编码与集邮热兴起

大楼初建时,邮政的业务主要是信件、包裹、汇兑、印刷品。从《申报》可看出:

> 邮政之便利谁不知之,然邮递之手续不能熟谙者,不在少数,此亦公民必需之常识,爰将必要之手续修记

如下：

㈠信件　分明信片、平信、快信、单挂号、双挂号五种。平信应粘邮花四分，明信片则减为一分五厘，此系发至外埠而言；若本城递寄平信明信片，均只须邮花一分可也。快信则于四分邮花外再加一角，共计一角四分；单挂号则于四分邮花外再加五分，共计九分；双挂号则于四分邮花外再加一角，共计一角四分。以上文件重量均以二十公分为限，即合中国分量为五钱三分六厘，过此限度均须加粘邮花四分。投信人一不注意受信人受加倍处罚，如补粘四分，须罚粘八分云，其实在投信人未谙邮章，然因此累及他人，于心究有所不安也。

㈡包裹　须用外包布包好，先用线缝其三面，一面露头，持往邮局，经税务司派往验包人员验过，纳税若干或不纳税，然后再将露头之一面缝好粘贴邮花，守取收据，其重量为重五千公分（合中国为一百三十四两），贴邮花二角，过此则加倍粘贴。

㈢汇兑　先向邮局问明欲寄往银元之处，是否通汇兑，如通汇兑，先索取邮局，请购汇票单，填明寄银元数及汇银人与取银人之姓名住址，然后将银元数目如数付讫，换取汇票置入信内，另向挂号处再行挂号寄去，至寄时单挂号或双挂号或快信悉随人便。

㈣印刷品　印刷品之寄费甚廉，重二百公分合中国分量二两六钱八分，仅粘邮花半分，多粘亦自己损失，邮局不退还邮花也。重至二千公分合中国分量五十三两六钱，亦仅粘邮花七分半耳，以上，均系邮递者之必要手续。苟能知之决不有误者，欲知其详细章程，可阅我国邮政寄费清单可也（乙种酬）。[3]

长期以来，邮政通信的发展落后于国民经济的增长。改革开放后，邮政举步维艰的处境，得到中央、邮电部和市邮电管理局的重视。1986年，中央财政部制订了"以邮养邮"方针和一些优惠政策，上海邮电明确邮政所得利润全部自留，免交所得税，邮政建设贷款免还，航空、铁路部门邮运价不得高于货运价，调整报刊发行费率和邮政资费等。特殊的优惠政策给上海邮政带来勃勃生机。值得一提的是，新中国首任邮电部长，历任第五、六、七届全国人大常委会副委员长的朱学范曾多次到上海调查研究，到邮政局指导邮政通信建设。1984年6月，朱学范应上海市市长汪道涵的邀请，到上海指导邮电通信建设，制订邮电发展规划。他经过调查研究后，草拟了《关于加强上海邮电通信建设，缓和通信紧张状况的汇报提纲》，提出邮电建设要适度超前于国民经济的发展速度。在朱学范的提议下，成立了"上海市通信建设领导小组"，其主要任务是审定邮电发展规划，确定优惠政策，落实工程项目，检查建设进度。这个领导小组在以后十多年中，对促进上海邮电建设起到了重要作用，邮政也得益匪浅。

邮局投递是最能体现服务质量的环节。解放前，对居住在棚户区的居民，投递员只是把邮件投到附近茶馆、商店，令其代转，很不方便，差错率高，误投、错投、遗漏、丢失、损毁时有发生。上海解放后，这种状况不能继续下去，从1950年起，棚户区有了门牌，市区投递延伸到棚户区，开始解决信报邮件按址投递的问题。棚户区多数是"一号多户"，被形容为"72家房客"，按号投递，往往送不到收件人手里。邮局本着人民邮电为人民服务的方针，设法与收件人商定安放地点，保证投递到位；投递时向用户"喊一声"，方便用户；对难投的"死信"，投递员应尽量予以"复活"，为用户排忧解难。解放以后，对邮用工具采取逐步摸索、逐步改进的办法。1961年，卢湾区建立了第一个自动化实验邮电局。

特快专递的开办。20世纪70年代初期，世界进入一个信息时代，计算机技术不断发展，许多行业迫切需要将载有信息的计算机凿孔纸带或盘片、磁带等快速传送给指定用户；更多的贸易公司为促进订货更早成交，要将货样迅速传递给客户；银行也需要将结算单据迅速寄达，以加快资金周转。而传统的邮政传递速度已不能满足上述要求，特快专递应运而生。

  1980年7月，上海邮政作为全国三大邮政特快专递业务的试办点，率先开办了国际特快专递业务。经过几年的经营发展，业务量以每年近30%的速度迅速递增，处于全国领先地位。之后，又开办了国内特快业务，邮政在速递市场的占有率一直处在领先地位，20世纪80年代后期，随着改革开放的深入，速递市场出现竞争，但邮政特快专递业务仍逐年上升。

  特快专递邮件业务的标志为EMS（Express Mail Service）。国际特快业务分"定时"和"特需"两种，定时业务由用户与邮局事先签订合同，双方按确定的办法和时间进行处理；特需业务由用户根据需要随时到邮局办理。特快邮件应投递到邮件封面收件人地址中所指明的最具体的地点，如宾馆、饭店、大楼的房间内。为了确保它的全程运递速度和处理时限，无论在国内或国外的哪一个环节，从收寄到投递的整个过程，都由专人负责，并且做到优先处理、优先验关和专车投递。特快专递邮件业务的特点大体上可以归结为"特、专、快"三个字。"特"主要体现在邮政通信企

特快专递（《中国邮政一百年》）

EMS送高考成绩单与录取通知书
（《上海邮政年鉴》（2000））

业内部特殊的生产组织办法、特殊的经营政策和特殊的服务方式上,它通过机构的特殊运转,以最快的速度为用户寄递邮件。"专"表现在邮件从收寄、运输到投递的各个作业环节,都采用专车、专人,并以最快的速度和最佳的方式进行专门化处理。"快"的特点是选择最佳的邮路、最新的运输方式,进行赶班发运。

特快专递,称为贵族邮件,从寄件到收件仅3天,但价格不菲,是一般航空邮件价格的几十倍,起价500克要50余元,相当于当时国营企业一个熟练青工1个月的工资。1985年,北苏州路邮政大楼的边门开了第一个特快邮件收寄窗口,并为特快专递业务配备了两辆幸福牌125轻骑摩托和四辆铃木车。一次,一位在上海大厦住宿的客户为了寄特快邮件,到收寄窗口步行仅5分钟的路程竟然"打的"来,当时"打的"的起步费是3元,问他为何这么近还"打的",他回称这是寄特快的规格,公司可以报销。

邮政储蓄业务恢复与发展。邮政兼办储蓄是为世界各国通例。但是新中国成立后不久,1953年3月,邮政部门奉令停办储蓄业务,同时取消上海邮政储金汇业局建制。从此,储蓄业务在中央计划经济的安排下,强调"银邮分工",改由银行独家经营。改革开放后,随着商品经济发展,国民收入分配的多渠道、多层次和社会扩大再生产筹集资金的多渠道、多形式,使得银行独蓄已不能满足社会需求。于是,邮电部与中国人民银行达成协议,允许各地邮局重新开办邮政储蓄业务,接受个人存款。阔别了33年后,邮政储蓄业务又踏上了新的征途。上海邮政于1986年2月,先在南市和静安两个支局试办邮政储蓄业务,先后开办定期和活期两类储蓄。6月,在各支局全面铺开。7月,又成立了上海邮政储汇局,负责邮政金融业务的经营管理。

1998年,上海邮政各支局、所均开办了代收电费的业务。至此,上海邮政已成为上海市区拥有网点最多、缴费功能最全的代收费服务机构,可满足市民将各项电信服务费和水电煤等公用事业费"多份帐单,一次付清"的要求,缓解

上海邮政储蓄窗口实行限时服务（上海邮政博物馆提供）

了公用事业费缴费难的矛盾。"缴费到邮局"正逐步被上海市民所接受。在便民服务的同时，邮局也扩大了存款余额，发展了邮政储蓄。

邮政编码是现代社会发展的产物。伴随经济和文化的发展，信件的数量不断增长，用户迫切要求加快信息的传递。为适应这种客观要求，邮政部门依据邮政通信网，把全国划分为若干邮区，用阿拉伯数字排列组合成代号，作为每个邮政局新的地理位置和分拣经转关系，这种代号就是"邮政编码"。

国外推行邮政编码较早，20世纪50年代初，英国首先研究邮政编码，并于1957年在诺威治邮区试行。德意志联邦共和国于1961年公布四位数邮政编码，是世界上第一个在全国范围内推行邮政编码的国家。以后，随着机械分拣设备的应用，实行邮政编码的国家越来越多。到了20世纪90年代，世界上已有60多个国家和地区实行了邮政编码制度。

早在1926年，上海邮务管理局就推行过投递区编号，曾将上海市区划分为中心1、2、3、4区,东区,西1、2、3、4区和闸北、南市、烂泥渡、龙华、高昌庙等14个投递区域,并绘制邮政分区地图印发给公众,要求用户在信封上收件人地址之前加注上海邮政所属投递区编号,以便于分拣和加快邮件传递速度,但因缺乏有效的保障实施办法,未能达到预期效果。

抗日战争胜利后,上海邮政管理局又于1947年4月,重新推行投递分区编号制,将市区划分为18个投递分区,以市区投递支局编号作为投递区域代号。这次投递分区编号制的推行,仍因保障措施不足,公众书写投递区编号的并不多见。

到了1974年,世界上不少国家和地区都在推行邮政编码。实行邮政编码,有利于使信封规格化,为机械化分拣邮件创造条件。用机器分拣来取代人工分拣,能够提高效能,从而达到实现邮政通信现代化的目的。邮电部组织专业力量,详细研究了邮政编码,拟订了全国邮区的划分、中心局的布局以及六位制编码的具体分配等内容的整套邮政编码方案。1978年,指定在上海、江苏和辽宁3个省市试行邮政编码。

邮政编码采用4级6位编码结构,前两位数码表示省、自治区、直辖市;第3位数码表示邮区;第4位数码表示县(市);最后两位数码表示投递局。但由于信函分拣机尚未正式使用,宣传编码说服力不够强,一时间要改变人们长时间的书写习惯也不是容易之事。于是出现了一些批评意见,有的在报纸上发表评论说,书写编码是"方便了邮局,麻烦了千家万户""邮局图省事,百姓添麻烦"。由于人们当时的思想看法不一致,影响了工作进展,结果推行工作不得不暂时停下来。1984年,全国邮电工作会议总结了前期推行邮政编码工作存在的问题,认识到此项工作的长期性艰巨性,提出"要有计划、有重点地重新推行邮政编码制度"。1985年6月,上海邮政又在九江路邮电支局试点,重新推行邮政编码,并在8月全面开展宣传、推行邮政编码活动。这次推行的方针是积极宣传、重点推行、稳步发展。鉴于上海推行做了不少工作，有一定基础，邮政总局要上海先行一步，抓紧做好各项工作，以期取得成效。

经过几年深入细致、形式多样、行之有效的宣传活动和推行工作，到1989年10月，市民投寄的各类信件中，本市互寄书写寄件人邮政编码的已达88%以上，双码（既写寄件人的编码，也写收件人的编码）书写的也达65%，寄外省的双码书写率已达74%左右。在此形势下，邮电部又指定上海、北京等7个省市，作为宣传推行邮政编码的重点地区和实行信函按码手工分拣的试点单位。1989年5月，上海市邮电管理局召开新闻发布会，并向全市人民发布了书写邮政编码的公告。同日，15万册《上海邮政编码》销售一空。

此后，公众用邮编码书写率有进一步提高，1993年，已稳定在95%以上，信封使用标准合格率也逐年提高。是年，上海邮政从德国引进的信函自动分拣机开始试用，对部分信件实行机械化分拣处理，从而使上海邮政编码的推行工作进入了一个新的阶段。

世界上最早发行邮票的是英国。1840年5月，英国邮政局用贴邮票的办法，首创了"先付邮票"的制度。这个办法是由苏格兰印刷商查尔摩斯提出的，后来由社会和行政改革家罗兰·希尔爵士付诸实施。1635年，查理一世建立了一个由皇家垄断的邮政系统。在第一任邮政局长威瑟林斯的领导下，英国邮政开始实行日夜服务，只要6天就能把一封信从伦敦送到爱丁堡，还包括把回信从爱丁堡送到伦敦。威瑟林斯制定了一个正规的邮费表，只有一张普通纸那么大，每80英里路程收两便士邮费。

18世纪末叶，在皮特的管理下，英国使用了最早的邮政马车，从而提高了邮政服务的速度和效率。很快，希尔爵士发现传递信件的费用与远近没有多大关系，主要取决于递信的数量，他希望降低每封信的邮费，这样就会有更多的人利用邮递服务。于是，在1836年，他提出取消以距离为标准的收费办法，代之以重量为标准的收费办法，并通过用胶水把"标签"粘在每一封信上的办法预先收费，这一建议在

1840年5月6日付诸实施。英国政府发行了世界上最早的"标签"——邮票，邮票上印有英国女皇维多利亚的头像，它分为两种：一便士的黑色邮票和两便士的蓝色邮票。前者就是有名的"黑便士"，而今是集邮圈里的极品。

邮票在中国最早被称作"人头"或"老人头"。究其原因，是因为世界上早期发行的邮票多以国家元首头像为主图。解放前的报纸，有时会刊登"收购人头"的广告。1879年6月13日，上海《申报》登出一则外国人"收买信封老人头"的广告，明码标价："工部书信馆人头每百个价二角，海关人头每百个价二角，东洋人头每百个价三角。如送至新泰兴洋行内，哈立斯收取，即可付价，他国之信封人头亦可收买。""人头"即邮票。

中国早期邮票多以"龙"为图案，所以人们又把它叫作"龙头"。1878年8月15日，中国发行的第一套邮票的票面即印有"龙"的图案，直到20世纪50年代，农村有人在购买邮票时，还会称"买个龙头"。

邮票正式出现在邮政公告或公文中的称呼，早期也叫"信票"。此外还有一些别称，如1880年，上海清心书馆出版的《花图新报》上有一篇文章就称邮票为"信印"和"国印"。1885年，葛显礼翻译英国皇家邮政章程，曾将邮票译为"信资图记"。在不同的时期、不同的地方，邮票还有"邮券""邮钞""邮飞""邮资""邮资券"等别称，至于广东、福建、台湾各省，则管邮票叫"士担"或"士担纸"，那是英文"Stamp"的音译。1899年，中国邮政正式启用了"邮票"这个名词。1912年，中国发行"光复纪念"邮票，"邮票"一词才正式印上邮票。

集邮一词最早出现于1864年，而集邮活动，则于1840年英国发行世界上第一枚邮票不久后便开始了。1842年，伦敦《泰晤士报》刊登了一名少女征购旧邮票的广告。据说她收到1.6万余枚邮票，用来进行室内装饰，这恐怕是世界上最早的有据可查的集邮活动。中国出现集邮活动约比西方晚三四十年。

116

《申报》上"收买信封老人头"的广告（上海邮政博物馆提供）

最早在中国从事集邮活动的是外国商人、企业家、银行家、传教士、工程师、外交人员，加上一些掌握清政府邮政海关、铁路大权的外籍官员和租界区内的外国驻军及侨民等。他们带来了西方流行的集邮思想、集邮方式以及大量外国邮品，也带走了大量中国早期邮票，特别是一些珍罕邮票。中国集邮者多是与外国人经常接触的中国知识分子、职员、学生，他们较早接受了西方文化，渐渐对集邮产生了兴趣，开始收集邮票。1981年，社会集邮界人士胡辛人、马任全等人发起，并在上海市工人文化宫召开第一次上海市集邮协会

上海市集邮协会成立大会(上海邮政博物馆提供)

(简称市邮协)全体会员大会,上海市集邮协会由此成立。

上海邮政恢复办理集邮业务后,公众的集邮活动和购买集邮邮票十分踊跃。1981年11月发行"红楼梦"特种邮票时,排队购票者超过万人。20世纪80年代,股市未开,房地产业未兴,国债期货市场未形成,市民手中的余钱除了存银行外别无出路。一些人看到投资邮票可以迅速获利,纷纷产生趋利意识,集邮热开始升温,特别是1980年发行第一轮生肖《猴》票之后,邮票价格连年猛涨,小型张成倍高于面值,纪念邮票、特种邮票被炒得火热,连不懂集邮的老太太和家庭主妇也都参与进来。最典型的是销售《避暑山庄》的小型张,上海各支局、县邮电局连续公开销售,邮政大楼被人群围得水泄不通,邮贩子骑着自行车挂牌向排队的人群收购,2元一枚的小型张转手可卖到8元。随着邮票发行数量的增减,集邮热时有起伏,一度曾达高潮,延续到20世纪90年代中期。

上海有100多年的集邮历史,又有众多集邮爱好者,国内外的许多重大社会活动都有可能在上海形成集邮的热点，利用这些热点，可以抓住商机，赢得较好效益。比如1996年，趁着浦东开发热、浦东宣传热的时机，发行的《上海浦东》邮品，分高、中、低档次，适应各层次需求，获得了良好的销售成绩。

五、第一个自动化实验邮电局

1958年，中国共产党提出技术革命和文化革命的号召时，上海市南区邮电中心局讨论了邮政能不能搞技术革命的问题。当时有两种不同的看法：一种认为邮局一没有机器，二没有技术，没有技术可革，邮不如电，无啥可搞；一种认为正是因为邮政"一穷二白"，所以才"大有可为"。两种思想在党总支扩大会议上展开了争辩，后一种思想占了优势，提出了自己设计、自己制造、自己使用、自力更生，实现自动化。

1959年11月，打浦桥邮电支局组织了26项营业小工具革新展览会，邮电党委召开现场会议，号召全面推广。12月，在卢湾区召开邮政革新展览会，展出284项革新项目，并且从营业扩大到投递和发行各个工种。经过推广使用，群众又把其中一部分发展为机械和自动，再把全市邮政工人最新的技术创造，送到展览会，然后成套试制，准备装备到自动化实验邮电局。这样通过革新——展览——配套——集中装配——再革新，为自动化邮电局的建成做了准备工作。

1960年1月21日，离春节前一个多星期，卢湾区自动化实验局正式动工。当时，没有设计图纸，没有材料，没有工具，需要安装的机器还在工厂里设计试制，但大家说干就干，"没有机器自己造，没有材料想法找，没有技术用心学"，凭着从沪南发电厂借来的两万块砖头，上马了。一夜之间，营业厅全部被搬空，地板全部被拆了。群众说："我们拆第一块地板时，就表示了决心，只能成功不能失败。"没有工具，职工们把家里的老虎钳、榔头找出来，洋元当榔头，扁铁作扳头；没有黑铁皮，用木条代替；没有工场，就露天干；天下雨，就穿了雨衣撑了伞干。有时候，连续几个通宵后，好不容易把职工劝说回家了，职工们在马路上打了个圈，又偷偷地溜了回来，有个老工人说："你别叫我回去了，回去也睡不着，还是让我干完了睡个痛快觉。"粉刷墙壁时，来不及干，影响机器安装进度，职工们从自己家里拿来50多只煤球炉，把墙壁一夜烘干；木工急需工场，大家一起动手，16个钟头赶造了一间房子。有时用料赶不上，眼看第二天要停工待料了，群众千方百计找材料，第二天一清早，用料已堆积如山。

党委从各个区中心局抽调了一批对技术革命有热情的投递员和营业员，成立了四个技术革新小组：市南区局技术革新组，负责研制自动邮票出售机；市北区局技术革新组，负责研制自动信封出售机；市西区局技术革新组，负责研制自动包裹收寄机；市中区局技术革新组，负责研制收信自动盖戳机。

一天，市南区局技术革新组的卢湾区邮电局营业员范思根在报纸上看到沪南车场利用发条做售票器的消息。他想："能不能以同样的原理造一台售邮票的机器呢？"于是，他和组长李海鹏，以及当过七年钟表匠的投递员陈其富商量，并到旧货摊去买旧挂钟、旧留声机，日夜进行研究、试验，经过许多次失败，终于造成了第一台发条售票机。这台机器很粗糙，壳子是用肥皂箱做的，试用效果也不理想。党总支却给了这台机器很高的评价，给予大力支持，并增派了人力，让他们在局里的小型工具修配厂中继续研究。研究小组一下子壮大成10个投递员、2个泥水匠、1个木工。他们试用无线电原理来代替发条，机器拿出去试用，结果有时硬币投进去，邮票不出来，有时硬币投进去后，邮票接二连三地出来。为此，他们进行了大量的实验，如制造找币器时，到市场上淘各种铜管，到市话局要各种型号的漆包线；还认识到撞针要用软铁（不会剩磁），找不到就用洋圆（建筑用的钢筋）代替；铜管太细，36V产生的磁性撞针力量不够；

漆包线太细，产生的磁性同样不够；弹簧太细，也会产生收缩无力；等等。经过无数次的实验，一个个关键问题终于被解决了，同时积累了大量的实验数据、图纸，第一台自动售票机就这样制造成功了。

同样地，在制造其他机械的过程中，他们边设计边革新。例如在进行包裹收寄部分施工时，如果有人来领取包裹怎么办？他们想出一个用篮子捉麻雀的土办法，制造了一架自动取包机，只要一按电钮，这个机器就会把需要的包裹运到营业员面前。此外，还用抽屉的原理，制造了自动售木箱机。电动车到站升不起来，工人们就大胆创造，根据电梯升降原理把信箱带车升降改为单斗信箱升降，这样不仅解决了升降问题，而且减轻了升降负荷重量，并使原来要十天完成的工程，两天就解决了。

在实现自动化、机械化的过程中，邮电党委书记亲自挂帅，保证各方面力量的调度配合。全市邮电职工在工地参加义务劳动，邮递员放弃了轮休，抽出时间来支援突击；汽车驾驶员白天干完自己的工作，晚上来支援运输；电报局和无线处派了工程师和技工协助设计；邮电学校、无线处工厂和自动电话厂职工赶制自动化邮电局委托加工的机件；市北区、四川路桥和市西区邮电中心局的职工把自己试制的新产品，首先拿来装备这个自动化实验局，他们都是为了让百年老邮政实现自动化，把创造出的更好的东西先送到卢湾区来。参加工地劳动的职工说："能为自动化邮电局多搬一块砖头，就是最大的愉快！"有些职工晚上已经开会到很晚了，半夜还要骑自行车来看一看。老邮工包银生说："进邮局36年了，看到第一个自动化邮电局，也算是盼出头了！"

自动化邮电局在建成的过程中，得到了社会各方面人士的热情帮助。建筑材料不够，卢湾区房地产公司等单位把多余的砖头让出来；运输力量不够，里弄居民委员会发动家庭妇女支援；为了加工机件的齿轮，中国唱片厂职工连夜突击；中国继电器厂把仓库里仅有的存货连同样品一起拿来支援；淮海路上的食品商店主动为日夜奋战的邮电工人送糕饼点心。

在大家的齐心协力下，卢湾区自动化实验邮电局建成。这个邮电局有四个部分：第一部分是出售部分，也就是出售邮票、明信片、报刊的部分。过去邮票是一张张卖出去，包裹一只只收进来。现在自动化了，这里有电动售邮票机、电动售报刊机、电动收信机、电动售信纸信封机。这些机器只要投入硬币，按一下电钮，就会送出你所需要的东西，硬币多投，它能找；少投，它能全部退还给你。此外，还有投币式公用电话、长途电话控制信号灯、计算出入人数的光电管计数器。第二部分是收寄部分，也就是寄挂号信、寄包裹汇款的部分。人们坐在自动服务台上，要写信的话，可以买到信纸信封；写好信要贴邮票，可以买到本外埠邮票；要交寄，就可以投进台中，它设有自动信箱，地下电车可以按时自动开箱，处理投送。公众交寄和领取包裹，不必再由营业员搬运，也由电动车和传送带自动传送。第三部分是处理部分，也就是以前的进口邮件处理部分。以前全部是手工操作，劳动强度很高，现在掌握了五道传送线，用机械操作。第四部分是投递部分。以往投递员进行内部处理时也是全部手工操作的，现在盖日戳、大分拣、小分拣、盖小戳、记数、传送等六道工序都由机器代劳，投递员只要拼好信就可出班了。

邮局实现自动化后，生产面貌有了很大变化。一是工作效率提高，以前公众买邮票，平均每一人次是20秒钟，现在只要2秒半，即等于提高7倍；以前投递员每一信班内部处理时间平均需要40分钟，现在只要15分钟，等于提高1.6倍；以前每天开五班信箱，现在每十分钟就有电动车自动收信，封发效率有提高。二是劳动生产率提高，以前这一个邮电局共有51人，实验局建成，机器使用熟练后，就可缩减至40人，且可以做到相当于85个人的工作，劳动生产率提高112.5%。三是劳动强度大幅降低，以前一个营业员单单领取包裹，每天就等于来回跑五里路，现在只要把电钮一按，身不离座，包裹就自动传送到窗口了。

走进卢湾区自动化实验邮电局，只见一排排电钮，一

1960年，卢湾区自动化邮局的营业大厅（上海邮政博物馆提供）

台台机器，一条条传送带，一辆辆地下电动车。职工们梦寐以求的"营业出售不用手，接收邮件用电钮，信函封装自己走，手工操作从今丢"的理想，实现了。工人写诗歌颂自己亲手建立的实验局说："毕竟工人力量大，百年邮政开鲜花。"

六、新中国首任邮电部部长朱学范

朱学范（1905—1996），曾用名朱屏安，原籍浙江省嘉善县枫泾镇（今为上海市金山区枫泾镇）。朱学范的一生充满了传奇色彩。在国民党内，他被称为"唯一的工运人才"。他是新中国首任邮电部长，任职长达17年，是我国邮电事业的奠基者。他是旧中国邮工出身的工人运动奇才，从邮务生到上海总工会主席，直至中国劳动协会理事长。他

1924年，朱学范考入上海邮局
（上海邮政博物馆提供）

是中国国民党革命委员会的创始人和卓越领导人之一，被尊为民革元老。他坚持与中国共产党领导的边区和解放区工会合作，多次出席国际劳工会议，为中国民族民主革命斗争赢得了广泛的国际支持。他曾拜杜月笙为师，组织毅社，提出"我为人人，人人为我"的口号，提倡互助合作，互相帮助。

1911年，进小学读书。1920年，毕业于上海敬业高小，接着在上海圣芳济学院学习。1923年，毕业于上海法学院，后赴美国哈佛大学学习，肄业后，于1924年经过考试，进入上海邮局当邮务生，卖邮票，分拣信件，收邮包，开汇票，最后被派在栈房间做工。三班倒工作，早班从早上6点到下午2点，中班从下午2点到晚上10点，夜班从晚上10点到次日早晨6点。

1925年5月15日，朱学范在邮局栈房间上班时，听到上海日本纱厂大班向工人开枪，顾正红牺牲的消息。当时邮局还没成立工会，但大家异常气愤，朱学范站出来动员栈房间工友募捐，支援纱厂罢工的工人。受大家委托，朱学范把捐款送交上海总工会，李立三出面接待他，了解邮电职工的动态，鼓励他们团结起来参加反帝爱国运动。1926年，全国各地的工人运动发展很快，他发起组织了上海邮务工会，第二年扩大为全国邮务工会，出任总干事、常务委员。1927年初，国民革命军兵临上海城下，朱学范率领上海邮政工人参加了武装起义,配合国民革命军占领上海。

蒋介石发动"四一二"政变后,上海笼罩在白色恐怖中。革命时期建立起来的邮务工会被改组,成为国民党包办和控制的黄色工会,但革命的影响还存在。1927年底,在工会小组长会议上选出的第五届邮务工会,由无党派的正直工人和未暴露身份的共产党员掌握。朱学范佩服这些人的热情,也同情他们的处境。他感到工人需要工会来保护自己的利益,而想要在工会里长期待下去,不参加国民党不行,于是,他加入了国民党。有人对朱学范说,要使邮务工会在租界打开局面,非走杜月笙的门路不可,因为上海的重要工厂、大百货公司、公用事业、码头、报馆等都在租界里,国民党的势力达不到。于是,经人介绍,朱学范于1928年拜杜月笙为先生。

九一八事变爆发后,朱学范领导邮务工会积极参加反日爱国运动。9月26日,上海800多个团体共20万人举行抗日救国市民大会,朱学范担任总指挥,邮务工会负责交通,会后举行群众游行。1932年,淞沪抗战爆发后,朱学范以上海邮工童子军训练部长的名义,号召邮工发扬光荣传统,奔赴前线,为国效劳。他组织邮工救护队,深入火线抢救伤员,还组织邮工战地服务团,募集捐款、粮食和药品,支持第十九路军抗战。

1932年7月25日,全国40多个地方的邮务工会代表在南京集会,选举产生了全国邮务总工会。朱学范被选为执委会九名常务委员之一。淞沪抗战结束后,朱学范担任了上海市总工会主席。1935年初,经杜月笙应允,朱学范组建了自己的帮会组织"毅社"。到1936年,加入"毅社"的职工有1000多人,分布在众多行业的工厂企业里。"毅社"成了上海帮会在工会里的最大社团,且其成员都是职工和工会干部,他们在许多企业工会里站稳了脚跟,使上海市总工会在租界中得到发展,巩固和加强了朱学范在总工会中的地位。

朱学范创办了大公通讯社,专门采访罢工消息、工会活动,每天发布关于工人运动的通讯稿,使工人运动得到社

1938年6月，朱学范（中）出席在日内瓦召开的第二十四届国际劳动大会招待会
（上海邮政博物馆提供）

会的支援。这一举措，逐渐改变了上海各报刊在租界当局的压力下不重视工人运动报道的局面。为了便于开展工作，他努力学习英语，最终能用熟练的英语与外国人交谈。他是中国劳工代表中第一个会讲英语的人，是第一个被选进国际劳工组织理事会的中国人，是中国劳工代表中任期最长的人。1941年10月，中国抗日战争处于严重困难时刻，国际劳工组织在纽约召开非常会议，朱学范在大会上发言，强调中国的抗战在世界反法西斯战争中的重要作用，中国的抗战和欧洲的抗战是同一战争的不同前线，敦促各国加强援华抗战力量。不久后，美国劳联和产联即决定每年向中国工会捐助66.6万美元。1945年2月，朱学范在英国伦敦召开的世界工会代表会议上特别发言。10月，世界工联成立大会在巴黎召开，在朱学范的一再力争下，中国解放区工会和中国劳动协会组成的中国工会统一代表团出席了大会。在这次大会上，朱学范当选为世界工联副主席、执行委员，大大提高了中国工会在国际上的地位。新中国成立，朱学范被任命为邮电部部长。

朱学范作为新中国首任邮电部部长，当时才44岁。面对旧中国留下的支离破碎的通信网络和残缺不全的设施，他全身心投入人民邮电事业，用一年时间建立了从北京到沈阳、武汉、上海的三大干线，实行"邮发合一"；承担起全国报刊的统一发行工作；用两年多的时间，恢复和建立通达西北、西南的电信线路和邮路，构成以北京为中心的全国邮电通信网，改善了国际通信联络；用三年多的时间，使全国90%以上的县通达电报、电话，改变了乡村不能直接通邮的状况。

1996年1月7日，朱学范在北京逝世，终年91岁，著有《国际劳工组织与援华运动》。

七、邮政大楼走出乒乓球名将：王传耀

1961年4月，在中华人民共和国首都北京举行的第26届世界乒乓球锦标赛（简称"世乒赛"）上，年轻的中国选手首次登上了男子团体冠军的最高领奖台，从世界乒联主席蒙塔古手中接过闪光的斯韦思林杯。王传耀是这支冠军队伍中的五虎将之一。

"近朱者赤，近墨者黑。"王传耀走上打乒乓球之路，受到其父亲的熏陶和影响。1931年8月，王传耀出生在浙江省鄞县。父亲王惠章是上海市邮政工人，王传耀八九岁时，父亲已是驰名上海乒坛的名将。一天晚上，王传耀第一次看父亲赛球，就被那小小的球吸引住了。第二天的第一件事，就是拿着父亲的球拍和球对着墙打了起来，从此，他迷上了乒乓球。

不久，王传耀进德兴小学读书，他常常把桌子拼成临时的乒乓球台，一下课，就与伙伴们用父亲的球拍和打破了的乒乓球饶有兴趣地打起乒乓球来。王传耀对乒乓球的兴趣愈来愈浓，有了更高的追求。

初中时，王传耀加入了绿营联社的乒乓球队，在那里有机会和球技较高的人一起打球，技术进步很快。一次公开比赛中，他获得了单打决赛权。十六七岁的王传耀遇到的对

手是上海甲组乒乓球运动员，不免有些着慌了。怎么办呢？最后，只有硬着头皮去请教父亲，要求父亲在比赛时给自己鼓鼓气、出出主意。王惠章想不到自己的儿子已经会打乒乓球，而且要在公开比赛中和大人争冠军。比赛时他虽然指导了一番，但毕竟实力悬殊，儿子还是被对方打败了。父亲嘴里嫌儿子削得不好，攻得不准，可心中却暗暗高兴。

从此，父子两人经常在邮政大楼的乒乓球室里出现，父亲攻，儿子守，打得有声有色，王惠章那时已经不常打球了，为了教儿子，不顾白天工作的劳累，有空就和儿子去打球。解放后不久，王传耀也进邮局当车床学徒，邮局父子兵的名声渐渐传扬出去，王传耀也因此常被邀请去作表演比赛。

18岁时，王传耀的削球技术愈来愈稳，旋转愈加厉害，父亲不是他的对手了。从这时起，王惠章就开始教王传耀练习攻球。

"青出于蓝，而胜于蓝。"1952年，王传耀获得了上海市乒乓球比赛冠军，并且代表上海参加全国乒乓球比赛，取得第五名的成绩。同年，王传耀跨进北京体育学院学习，师从梁焯辉教练。

1955年，王传耀代表中国参加第5届世界青年联欢节，在男子乒乓球单打的比赛中，获得第三名；在男女混合双打中，他与孙梅英合作，获得第二名。

1956年，王传耀在武汉参加乒乓球比赛，获得单打冠军。翌年，他在第24届世乒赛团体赛中，以2比0击败了世界冠军日本名将荻村伊智郎，引起了世界乒坛的注意。1959年，在北京举行的第1届全国运动会中，王传耀获得男子单打冠军。在1960年和1961年的全国优秀运动员比赛中，王传耀均获男子单打冠军。在国家乒乓球队里，王传耀的反手抽球技术特别突出，男女队员都向他讨教，因此，人称"大左面"。

1961年，王传耀与队友庄则栋、容国团、李富荣、徐寅生在第26届世乒赛中，团结奋战，打出了中国人的威风，为祖国首捧斯韦思林杯立下赫赫战功，国家体委授予他们体

1959年，第1届中华人民共和国体育运动会上，王传耀获得单打冠军
（上海邮政博物馆提供）

育运动荣誉奖章。一时间，他们成为中国人民学习的榜样，同时也标志着"乒乓王国"的崛起。

八、邮政书法家任政

我们现在常用的电脑字体——华文行楷，如今风靡全世界。世界各地有不少华人开的饭店和商铺，其门面招牌各具特色，彰显了中华文化的魅力。在各式各样的门面招牌中，使用最多的就是任政的书体，尽管有些使用者并不一定知道任政是谁。

任政（1916—1999），曾任上海市书法家协会顾问，上海外国语大学、复旦大学和上海交通大学艺术顾问。1981年，任政书写了由邓小平题碑名的《淮海战役纪念碑》的碑文。1982年，任政先后受聘于复旦大学、上海外国语学院，任上海交通大学艺术顾问。1983年中秋，任政东渡日本讲学。1985年，任政书写了由李先念题碑名的《宝钢引水工程纪念碑》碑文。1986年，被聘为上海市文史研究馆馆员。1992年，任政题写的对联书法"俯仰无愧天地，褒贬自有春秋"被周恩来纪念馆珍藏；1993年，为毛泽东纪念堂书写大幅诗词，由中共中央办公厅颁发收藏证书；1997年，被上海市文联誉为德艺双馨的书法家。

1916年，任政出生于风景秀丽的浙江黄岩，七八岁起，跟着他的老叔祖、晚清举人任心尹——浙江颇负盛名的柳体专家，每天悬臂练习大字两百，先学柳体再学颜体，从不间断。他还跟随老叔祖研习诗文，老叔祖教他背诵《论语》《古文观止》和唐宋诗词，因此，任政打下了很好的中国文学基础。

1934年，任政18岁时，家中遭遇火灾，生活每况愈下，走投无路之下，任政离别故乡，投靠在上海的长兄。兄嫂对他这个刚从乡下来投亲的弟弟很冷淡，不予接纳。不得已，他进了一家在曹家渡的隆章染厂，当练习生。

在染织厂的一年多时间里，任政抱着"即使是石缝中，也要拼尽全力钻出苗来"的决心和勇气，每天起早摸黑，补习英文，研读诗文及有关课程，考入了位于四川路桥堍的上海邮政局。此后，他由于书法和诗文的特长，很快被升为科员。

同时，任政开始如饥似渴地搜集历代名家法帖和书法理论书。许多次，上午刚拿到工资，下班后就直奔四马路（今福州路）。见到一本好帖，不论价格多高，如果全部工

任政（上海邮政博物馆提供）

资不够，他就把身上的衣服脱下卖了，凑足钱再买。

任政生活十分简朴，粗茶淡饭，烟酒不沾，一年三百六十五天，无论严冬酷暑，都在写字读书。1950年2月6日，上海遭受国民党飞机猛烈袭击，史称"二六"大轰炸。当晚上所有的邻居都躲到底楼灶披间里躲避空袭时，任政却泰然自若地坐在写字台前，把一只黑色洋袜筒套在电灯泡颈端，靠着一束射在台面中央的亮光，继续他的临帖。

生活稍有安定，任政便开始寻师求教。在当时的书坛上，马公愚（1893—1969）享有盛誉。邮政局的高级职员徐绿芙与马公愚熟识，任政便托徐绿芙带了几幅字给马公愚，热切地希望得到马公愚的指点。马公愚看了作品，大加赞赏，要任政不必拘礼，有空可以随时去他家。在当时认钱不认人的社会中，马公愚如此破格接纳，实际上是免去了拜师所需的礼金和礼品，免去了一切俗套。

任政获知沈尹默来上海定居，渴求聆听沈先生传授书艺之情更加迫切。后来，在制笔大师杨振华的引荐下，趋前拜识。他凭借谦逊恭敬的态度和高超的学养技艺，很快得到了沈老的接纳和赏识。沈老与任政谈论技法，鉴赏分析碑帖，但涉及较多的却是读书。任政是浙江黄岩人，沈老是浙江吴兴人，见是同乡，沈老话就更多了。

面对浩繁的法帖，任政采取力攻尖端的办法，选择几种优秀的书体专心攻习。他喜爱雅俗共赏的唐楷书风，因其笔法纯正、体态妩媚端庄；行书则学兰亭、圣教、岳麓寺碑；草书主攻十七帖、大观、淳化、智永千字文、书谱等帖。对于这些碑帖，任政不仅凝神细读，研究在点画、结构、笔意、气势上的用笔道理，更细细琢磨其中的神理，体会它的韵味。随后，力求在自己的书法艺术上体现这种韵味，最终形成了"任体"雄健挺拔、工整秀丽、雅俗共赏的风格。任政的字，不论是书法爱好者，还是普通人，都特别喜欢，因为他的字庄重、活泼、美观、大方，很容易被人接受。

除了苦练技法，任政还非常注重自身修养。他喜爱阅读中国的古典文学作品,尤其是《红楼梦》,读过四十多遍,还作了一首《读红楼梦有感》的诗:"读红楼感慨深,曹翁才调古无伦;多情宝玉逃禅去,善妒颦儿饮泪殉。狡诈人皆怨凤袭,贤良我亦惜鹃雯;金钏投井鸳鸯死,春梦如烟不可寻。"

为了弘扬中华民族的传统艺术,任政总是不断进取,创作了大量的书法作品,写下了一本又一本的著作和字帖,已出版的有:《小学生字帖》(销售370万册)、《楷书基础知识》(销售6.6万册)、《少年书法》(销售70万册)、《中楷字帖》(销售51万册)等十余种。其中《楷书结构》和《楷书基本笔法》销售竟达113万册和119万册。任政还在上海各界做了大量的书法辅导工作,在号称上海书法界的"黄埔一期"——沈尹默先生开办的上海市青年书法学习班,是主讲老师之一。在以后的二十多年里,他给广大青少年及外国留学生授课近千次。任政给上海人民美术出版社的书画家作了系统的书法讲座,如当时连环画室的画家程十发、顾炳鑫、颜梅华、汪观清等都听过他的讲座。

作为家喻户晓的书法家,任政毫不惜墨,许多人都得到过他的墨宝,这些人上到外国首脑,下到平民百姓、边防战士,甚至还有小朋友。有人说:"任老,您是大名家,该惜墨如金。"他却笑道:"书法艺术是人民创造的,它应该属于人民。书家作品只有植根于民间土壤,才能长葆青春,永不凋谢。"他说:"王羲之七世孙智永和尚曾书真草千字文八百余本,分赠浙东诸寺。平时求书者如市,所居户限被踏损,就裹以铁皮,智永自取号为"铁门限",但时至今日智永真迹难觅。我任政藏字于民有何不好?有些书法家一旦成名就疏远大众,且惜墨如金,再也不轻易动笔,久而久之书艺反而会退步。"

在20世纪七八十年代,任政的许多墨宝被作为国家的礼品赠送外国政要,如赠送过法国总统蓬皮杜,美国总统尼克松夫妇,日本三位首相田中角荣、大平正芳和中曾根康弘,以及新加坡总理李光耀等。

任政墨迹遍布神州大地。如今的李白纪念馆、杜甫草堂、绍兴大禹陵、绍兴兰亭、杭州孤山、苏州沧浪亭、富阳鹳山郁达夫纪念馆等地，或碑或匾，或石刻或木雕，都能看到他的佳作。

任政年过花甲后，书法愈发步入佳境，名气愈来愈隆，慕名前来求他墨宝的人接踵比肩，许多单位、公司、商店纷纷前来请他书写招牌。市招既是标识，又是广告，无疑是通俗作品。但是，任政认为通俗与高雅并非互不相通。他写的影响最大的一块招牌是"上海市青年宫"（前身为大世界游乐场）。当时，有关部门邀请了四十五位知名的书法家写这块招牌，对所有作品隐名，编成号码，进行评选。最后，任政的一幅雄健端丽的行楷作品中选。任政写的行楷体六个字，经人工放大制作，每个字近三米高，弧形耸立在原大世界大门上端。在那个周围还没有高楼大厦的年代，这块处于上海市最中心的标志性招牌是多么醒目！在上海市中心，任政写的招牌有上百块之多，甚至近在浙江和江苏，远至黑龙江，许多市招都出自任政的手笔。任政写市招，一是不论单位大小，二是不计报酬。尤其是对于经费拮据的学校，他写校牌全都是尽义务的。任政表示，他并不希望所有的市招都由一位或少数几个书法家书写，这样太单调了。他认为艺术要求百花齐放、丰富多彩，美化市容也不例外。

1977年，上海字模厂首开先河，邀请了上海许多知名书法家写了代表自己风格的行楷字样，然后进行投票，打分评选。任政的行楷得票最高，理所当然被厂方选中。那时，任政61岁，正处在老当益壮的艺术巅峰之时。即便如此，用方块字进行活字排版，要求既能直排又能横排，还要字字呼应，连贯流畅，难度是非常高的。任政花费了整整两年时间，夜夜伏案书写，完成了6196个通用印刷字表的行楷字模体（后又增补了一套繁体字）。这套行楷字模一经使用，非常成功，先是《人民日报》《深圳特区报》《解放日报》《文汇报》将其用作文章的标题，后来全国的报刊书籍都广泛使用。

2009年8月，为纪念任政逝世十周年，上海市文史研究馆和上海市书法家协会举办了《海上已故名家任政先生书法作品展》，书展前言写道："自二十世纪六十年代起，任政先生的书法便是海上书坛极具影响的一大流派，三十余年间，教育了一代人，影响了一代人，为后期海派书法的发展作出了重大的贡献。"

九、篆刻名家——叶隐谷

叶隐谷（1912—1991）原名叶秀章，字隐谷，号遯斋，别号逸翁，书斋名绿荫书屋，上海川沙县人。青年时代，他是上海的著名乒乓球运动员，又是上海的魔术表演名家。邓散木先生的入室弟子，擅长书法篆刻，亦能作中国画。其书法师从魏晋大家，兼取唐人及清末吴昌硕笔法，作品温文尔雅，讲究点划，功力颇深，恪守传统。篆刻取法浙、皖诸派之长，有新意趣，运刀大胆，结构秀美。花鸟画富有吴派风

叶隐谷（上海邮政博物馆提供）

味,笔墨老练。山水作品传世较少,风格独具。曾于1984年举办个人书画篆刻展览,生前为中国书法家协会会员,上海市书法家协会理事、上海市文史馆馆员、上海散木艺社社长、常州印社社长等,出版有《叶隐谷书画篆刻集》。《上海近现代书画家名录》等书收录其介绍。

叶隐谷年轻时,是一位上海邮政局邮件转运处的铁路邮车押运员,劳作之余酷爱书法篆刻,1938年,26岁时即师从邓散木先生。叶隐谷本名为叶秀章,邓散木重新给他取了名叫"隐谷",意为"大隐者,隐于山谷",又给他取了个斋号为"遁斋"。"遁者,遁也。"中国历来的君子、士大夫的人生之途不外乎入官场或归隐山林。此处,邓散木显然是有劝弟子"远离小人,采菊东篱,埋头篆刻"之意。叶隐谷遵师之嘱,温、良、恭、俭、让,不计得失,而在书刻上力下功夫。在恩师指点下,他认真刻苦学艺。铁路邮车押运工作的流动性很大,工作的条件很差,即便如此,他还是没有放弃对艺术的追求,熟读《说文解字》,设计印稿,有的印稿朱、白文设计均不下十稿,直至满意才罢休。后又师随唐云学画花卉,画过牵牛花、虾、葡萄等。

叶隐谷善篆、隶、草诸书,尤精篆刻。其篆刻颇得邓散木之奥秘。治印章法贯彻"临古、疏密、轻重、增损、屈伸、挪让、承应、巧拙、宜忌、变化、盘错、离合、界画、边缘"等,浑厚遒劲,气势纵横;刻印不论大小,刀法追求奏刀痛快,老辣古朴,天然雄奇之效,以冲切刀为主,有复刀、补刀、留刀之痕;作印大胆奏刀,细心收拾,其印边更是着意经营,以刀刻,或以刀柄击之,近乎"天然"之势,确有散木印风。他创作了大量古朴雄健、极富个性的书画篆刻作品:其金石篆刻能"役古而不为古役",熔秦砖汉瓦于一炉;书法工六书,古朴而清刚;偶涉绘事,简笔逸致,皆成雅趣。1940年,曾于上海大新画厅举办邓散木师生书法篆刻展。之后,其作品多次参加境内外展出,蜚声境内外,慕名前来其"绿荫书屋"求教索要书印者甚多。如日本著名书法家川上景年,中国香港名人包玉刚、霍英东等都曾请先生刻印或求其墨宝。

叶隐谷拓边款也是高手，少人能及。叶隐谷当时经济不宽裕，对拓边款用纸的要求并不高，连史纸、一般的宣纸、香烟纸等不同纸张，他都能驾轻就熟。他前往废品商店买来纸边、零料，制成印谱单页，自行拓印，装订成线装本，加以封套，赠送好友、学生。他用纸廉价，有薄薄的光纸，也有一般的宣纸，后来用香烟纸制作印谱。起初，每页都用黑色圆珠笔画上长方框，封面纸用牛皮纸，并由著名画家应野平题写"遯斋印痕"签条。后来，发展到送印刷厂印制印谱框。

1972年，这位花甲老人脱下绿色制服后，更是日以继夜、一遍遍地临写历代名碑法帖，临刻秦、汉、明、清及近代各种篆刻流派的印作，还吟诵诗文，点染丹青，汲取诸多艺术元素，创造出他自己的艺术人生和独特风格。1975年11月，他刻就一印"海上一个"。在全国邮电系统中，任政享有"任笔叶刀"（任笔——任政）之美誉。1981年，他的八方巨印入选全国邮电职工美术、摄影、书法作品展，并获一等奖。同年，他在上海成立了"晨风钢笔字研究社"，该社是中国近代第一个硬笔书法团体。1985年隆冬，他不顾自己已过古稀之年，毅然冒着严寒，千里迢迢赴松花江畔，参加黑龙江省博物馆邓散木艺术陈列馆主持的邓散木金石、书画、诗词、文稿遗作的整理、鉴定工作，并出色地完成任务。

叶隐谷除了是金石书法名家外，还是魔术表演名家。1959年，上海邮政局成立了邮电工人业余艺术团，面向邮电职工及社会群众演出节目。叶隐谷任魔术队队长，他所率领的魔术队，无论是节目内容，还是服装道具，都符合时代的主旋律、健康朴质、美观大方。一些老职工回忆叶隐谷出场时的情景是这样说的，他自然亲切的微笑，庄重潇洒的风度，还有他挥动着的那上下跳跃、令人眼花缭乱的银亮的手棒，至今令人难以忘怀。叶隐谷除了演些常规的魔术节目之外，还喜欢自编自导魔术剧，如《愉快的星期天》就是一出怡心而育人的节目：春光明媚，青草、树木抽芽发绿，一家人外出郊游。他们来到旷野之地，母亲彩旗一挥，舞台上瞬间开出一片红花；父亲口哨稍起，林中鸟儿在枝头欢快地歌唱，唱得观众心舒神爽；大儿子胖胖向空中挥网，一群白鸽从观众席上飞往舞台，令人瞠目；小儿子亮亮在河边屏气垂钓，一会儿鱼儿上得钩来……台上台下的互动，和谐详和，洋溢在祖国大家庭中的快乐主题不言而喻。

　　他为邮电职工与国际交流做的演出，大概也有数千场次。他自编的魔术《眼睛一眨，老母鸡变鸭》足足花了17年的时间才得以成功。据说此魔术至今尚未有人超越，有人开玩笑地说它是绝版。演出的道具很简单，一块小黑板、一只玻璃杯、一块红布而已。演出时，叶隐谷在黑板上画了一只老母鸡，在银亮的手棒摇晃下，咽咽声中，叶隐谷很快从鸡屁股下摸出一只鸡蛋来。鸡蛋示众之后，他又将鸡蛋在玻璃杯上轻轻地敲一下，蛋黄入杯，还未等大家醒目，他从玻璃杯中轻轻一拎，一只金黄色的小鸡被拎了出来，在桌上慢悠悠地踱着方步。接着，叶隐谷用红布在小鸡身上一盖，然后一拉，只见一只胖胖的活生生的大母鸡伸着脖子，抖着羽毛，在桌上摇摆。不一会儿，叶隐谷又拉紧红布，桌上却出现了一只扇着翅膀的老公鸭，金翠色的鸭头、亮晶晶的眼睛，颈上一圈灰白色的羽毛，煞是可爱。来不及反应的观众大声叫喊，还真的是"老母鸡变鸭了"。"老母鸡变鸭"原是江南俚语，形容变化速度之快，到了令人难以置信的程度，叶隐谷竟然用魔术来演示这句名言。1983年春，中国杂技家协会上海分会举办的上海业余魔术大会上，已逾古稀的叶隐谷凭此绝技一举获奖，并列上海七大业余魔术师之首，与专业的一样，人们同样称他为魔术大师。我们在上海电影制片厂桑弧导演的《魔术师的奇遇》中，还能找到叶隐谷的影子。

注 释

1. 叶美兰著：《中国邮政通史》，商务印书馆2017年版，第662—663页。
2. 上海邮电年鉴编审委员会编：《上海邮电年鉴1999》，上海社会科学院出版社1999年版，第68页。
3. 凌云：《邮递之注意（法制）》，《申报》1925年12月18日，第11版。

SHANGHAI POST OFFICE BUILDING

上 海 邮 政 大 楼

第五章 在城市更新中

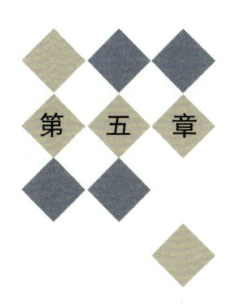

邮政大楼建于20世纪20年代，原来的功能已经不能满足现代邮政生产经营和企业管理的需要。2001年，虹口区政府公布了四川路一条街宏大的改造规划。邮政大楼所处的位置正是四川路一条街的源头、外滩源的对岸以及苏州路沿岸的重点地段，它被市规划局和文管会列为保护性建筑。2005年，上海市邮政局对邮政总局大楼相关损坏部分进行一次性恢复性大修和加固，同时利用邮政局大楼中庭、天台和部分楼面，改建成上海邮政博物馆。上海邮政大楼作为国家级文物保护单位，按文物级别实施维护修缮，尚属首次。

2006年1月1日，上海邮政博物馆开馆，整个主展区面积为1500平方米，分为一个序厅，以及"起源与发展""网络与科技""业务与文化""邮票与集邮"四个展区。

一、修旧如旧：首次按文物实施修缮

邮政大楼建于20世纪20年代，原来的功能已经不能满足现代邮政生产经营和企业管理的需要。局房的狭小严重阻碍了邮件的发运时限，尤其是逢年过节邮件量骤增时，不得不租借外单位场地，作为临时堆放和贮存的库房，以缓解邮件分拣场地狭小和人手不足的窘境。1987年和1993年，随着新客站转运楼和沪太路重件处理中心相继落成，在邮政大楼内的报刊、印刷、包裹和信函等邮件处理部门陆续搬离，已经超负荷运作60多年的邮政大楼，显得老态龙钟，其格局调整和规划也在悄然进行中。跨入新世纪的上海，现代化建设日新月异。2001年，虹口区政府公布了四川路一条街宏大的改造规划。上海市城市规划局有关"恢复外滩源"发展规划和苏州路沿岸的滨河建设规划也陆续出台。以上情况直接影响着邮政大楼改造的功能定位。因为，邮政大楼所处的位置正是四川路一条街的源头、外滩源的对岸以及苏州路沿岸的重点地段，它也被市规划局和文管会列为保护性建筑。2005年，上海邮政根据《文物管理法》的相关规定和规划，对邮政大楼损坏部分进行一次性恢复性大修和加固。上海邮政大楼作为国家级文物保护单位，按文物级别实施维护修缮，尚属首次。

市规划局和文管会与市邮政局接洽文物修缮事宜后，上海邮政局领导非常重视，有关邮政大楼功能定位的方案多次被列入局长办公会议的议事日程，并成立上海邮政大楼改造项目组。上海市邮政局局长王观锠不仅多次听取项目组的方案汇报，对功能定位作出重要指示，而且带领党政领导班子全体成员、机关处室负责干部前后多次深入到大楼现场，了解建筑结构和管道设备安装现状。对过去为办公而搭设的阁楼和屋顶搭建房屋等不顾原建筑承载能力的现象，以及将中央空调的线管直接穿墙打洞安装于阳台，使整个办公区域像"化工厂""炼油厂"等破坏性的使用状况提出批评。要求项目组在这次修缮中彻底改观，做到修旧如旧。局主要党政领导、机关主要负责人也因这次修缮了解到邮政大楼在各个历史时期的生产经营、内部封发运输处理和办公场地的基本情况，为科学合理而又全面决策修缮大楼功能定位奠定了基础。最后，邮政大楼的功能被定位为：指挥枢纽（司令部）、指挥调度、营业、博览展示、景观休闲、文档存阅、会议会务、支撑配套。并且站在全局的高度，从长远的角度考虑，做到整体化、系统化。对管道、给水排水、强电弱电等隐蔽工程进行周全、安全设计，适度超前。在布局中注意综合开发，合理使用现有的房产资源，将环境整治、筑漏加固、电梯修缮、车库建设等同步考虑安排。

按照功能定位，项目组对如何落实功能定位、合理布局进行了整体化系统化的讨论。大楼在没有修缮前，八大功能中指挥枢纽、营业、文档存阅、会议会务、支撑配套等功能已经存在。但是，每项的功能配套不齐全，不能适应实际需要，需要作调整。而新增加的指挥调度、博览展示、休闲景观更加需要挖掘现有的房产、场地、资源，科学合理地予以重新布局安排。项目组经过大量调查研究后，初步确定八大功能的布局安排框架：变地下室以前作为邮件栈房的设计功能为支撑配套的车库、设备用房区域；一、二楼为对外展示、对外开放的营业、博物展示区域；原大楼马蹄形建筑的天井设计功能是邮件进出转运站台，修缮后改为面积1380平方米的中庭，是多功能的、可以对外开放的场地，亦用作博物馆大件展品的场地或者大型集会场地；二楼新增电视电话会议中心；二楼的北楼1500平方米的国内进出口函件处理场地改为邮政博物馆；三、四楼为办公、会议的内部区域（三楼全部安排邮政局机关办公用房，四楼在安排部分办公用房的同时，安排了中小型会议室）；拆除屋顶的违章建筑，修缮后的屋顶、钟楼为景观休闲区域，建造屋顶花园，充分利用屋面和钟楼的资源建设景观工程，面积达3800平方米；新建的五楼是能容纳400多人的大型会场，同时可放映电影。

2003年1月，项目组严格按照修缮框架，开始组织修缮工程。营业厅一楼进厅位于北苏州路250号，这是最具欧式风格的建筑，走入进厅，两条回旋式楼梯和两层高的穹顶高雅古典，使人恍若步入殿堂。关于恢复穹顶彩色花饰的施工，从建筑装饰的现状看，此进厅过去虽然进行过修缮装饰，但都是比较简单地涂上白色涂料，没有色彩，过去的穹顶是彩色的，但不知道是什么颜色和如何搭配的。为此，项目组小心地磨去穹顶四周的粉刷层，从露出的残存显示的底层色彩，进行分析研究，确定了由粉红色花朵和草绿色花瓣组成穹顶的修缮方案。为了保证色彩的绘制质量，施工单位特意从美术学校请来师生协助工作。进厅墙面的白色大理石因时间长了，已经泛黄变黑，需要进行清洗，经过施工修缮后，恢复了白色光泽。针对底层进厅地坪马赛克破碎和楼梯栏杆陈旧的情况，对马赛克地坪进行了重铺翻新；对扶手栏杆采用金粉进行重新油漆；对底层大门进行退漆油漆，修缮后的底层进厅焕然一新。

二楼营业大厅的修缮，是整幢大楼修缮的关键部分，也是"修旧如旧"最难跨越的坎之一。二楼东、南面2000平方米的营业大厅，当时称"远东第一大厅"，由于在过去的历史条件下，使用时缺乏文物保护意识，大厅原貌被改得荡然无存。项目组除走访老同志外，还查阅了大量的历史资料，参照了许多老照片，完成了修缮设计稿。分四个步骤对营业大厅实施修复：第一，恢复营业柜台上的铜栅。经过对原营业厅照片的辨认，根据大厅内柱的高度与人员、柜台、铜栅的比例，推算出铜栅、栏杆、花饰精细、大小尺寸，绘制出平面图。为了保证铜的质量，项目组走访本市铜雕铜饰专业单位，了解他们的工艺技术水平，邀请具有"铜雕王"美誉的单位做出1:1实样，供领导、专家评审。最后确定的样板，铜栅颜色较深，安装在柜台上给人的感觉比较稳重深沉，有历史陈旧感，得到了大家的肯定。第二，恢复马赛克地坪。营业厅内的马赛克地坪是本厅的装饰特点之一，它的花纹是20世纪20年代典型的花饰，它制作的成功与否也直接影响大厅修旧如旧的效果。项目组将脱落的原马赛克作为样本，送至专业的厂商进行定制，由于要完全达到与原马赛克相同的厚度、颜色，上海现有的厂商无法制作，为此找到了佛山陶瓷厂，经过多次的试样调整配料，制作出与原马赛克相同的产品。第三，保留大厅顶面的线脚花饰。由于大厅顶面结构加固的需要，必须铲去顶面的粉刷层，意味着顶面花饰也要铲去。另外，东面新增的营业场地原来是四川路桥支局内部办公和投递的内部操作场地，因此装饰比较简单，没有花饰。为此，项目组在施工前先将原线脚花饰石膏拓样取下，待顶部消防报警和电源线穿好后，再恢复原来的立体感强、

大楼营业厅（门厅）（上海邮政博物馆提供）

二楼营业大厅地板（秦战摄）

吊灯（秦战摄）

二楼营业大厅局部（秦战摄）

吊灯（秦战摄）

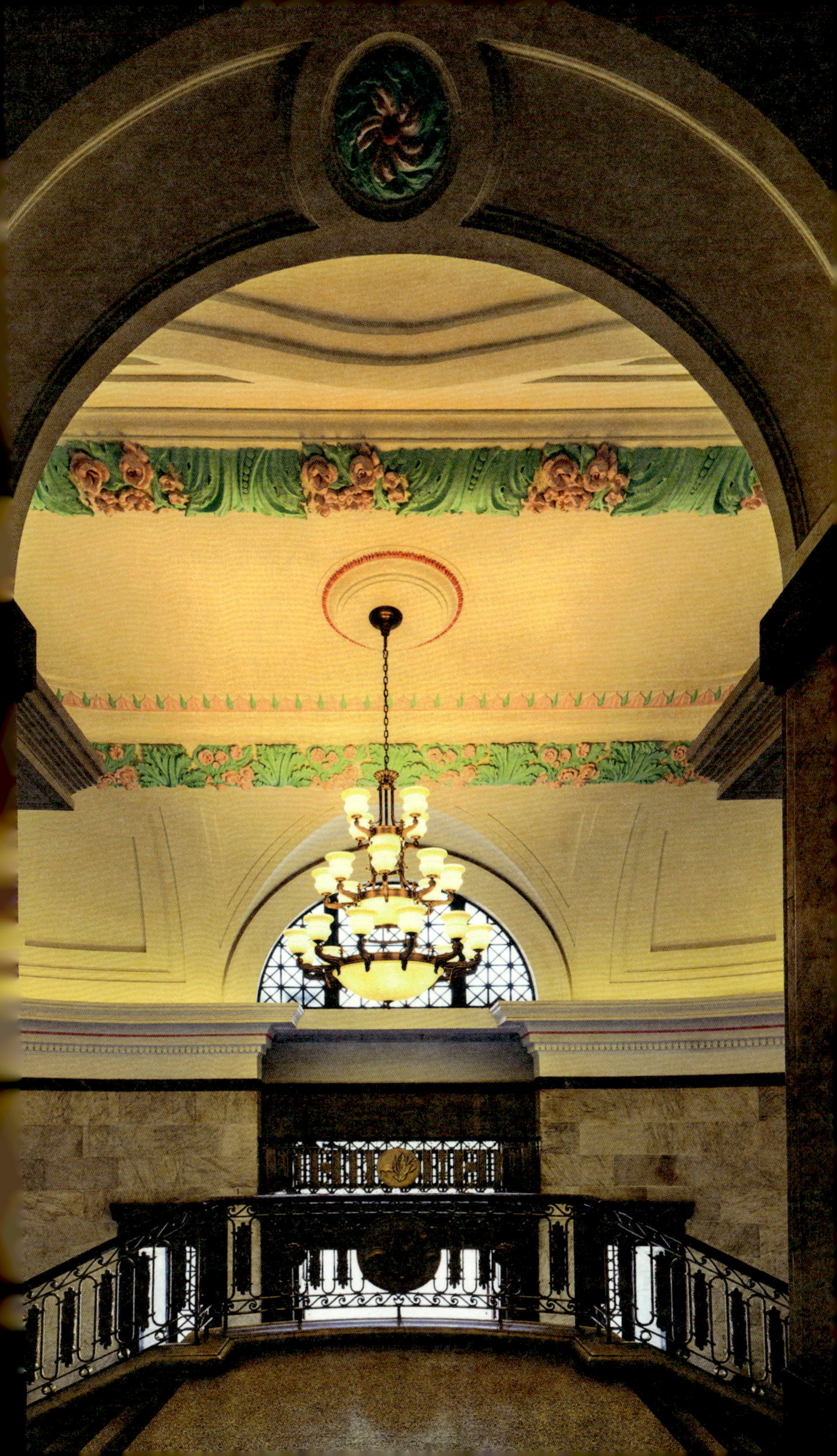

花饰流畅的线脚。其中包括新增的营业场地，做到修旧如旧，保持原来的风格。第四，营业大厅原来中央空调冷暖送风采用立柜式风机盘管，又大又笨重，而且占地方，故改造后将不采用。项目组从外滩工商银行学到，利用柜台内里外的隔断，把风机盘管安装在夹层里，这样既不占地方，冷暖量分布又均匀。总之，此次营业厅改造恢复"远东第一大厅"是比较成功的。整个大厅地面铺有黑白马赛克拼饰图案，柜台用柚木制成，台上装有紫铜栅栏，柜外贴面饰大理石，其昔日辉煌宏大的场面依稀可辨，成为市民参观和老上海电影的拍摄场地。如今，为配合邮政市场发展和经营格局的调整，已将原来的部分营业场所，按旧时的装潢模式建成了一间间邮币卡业务洽谈室，墙面上安装了一块巨大的电子屏，还配备了几十把坐椅，供集藏客户实时了解邮币卡的相关资讯。

四楼修缮主要解决四个问题：恢复外走廊；中央空调供回水管移位、窗式风机改为立式风机；恢复403会议室；根治白蚁。大楼四楼沿北苏州路、四川路、天潼路，南东北三面都建有1.5米宽的外走廊。南北、东西贯通，这是大楼欧式古典建筑的特征之一，这也与四楼曾为高级职员宿舍的使用功能有关，为住宿者观瞻苏州河、远眺黄浦江提供条件。"文革"期间，市邮政局成立之初，为了扩大四楼的办公用房，将四楼外走廊人为地按办公室一段一段地隔断开来，作为办公室的延伸部分。为了恢复外走廊原有的风貌，这次修缮将砌起的隔断全部拆除，恢复原走廊地面铺大理石的设计，这样既可以防止外走廊地坪渗水，又增加了美观。结合四楼修缮，项目组请区白蚁防治所来灭蚁。修缮前，416、418、420室均出现白蚁成群结队爬出地面，把地板蛀坏的情形，虽多次喷洒灭蚁药水，也不能根治，其主要原因是办公室在使用，白蚁在地下活动点与巢穴之间的路径无法"顺藤摸瓜"。在修缮中，彻底寻找白蚁活动区域、路径，最终在屋面钟楼旁找到了白蚁"大本营"，彻底捣毁了白蚁老巢，这才从根本上根治了"蚁患"。

为了保证修缮质量，在三、四楼办公区域施工修缮全面铺开之前，先施工了一间"样板房"，让设计施工单位先在这间房间内开展设计施工，这间房间的设计施工涉及十个项目：顶面石膏花式线脚的恢复；顶面灯光设计；房间墙壁色调；门窗色调；窗把手、插销等铜饰安装；壁炉保养；空调管道施工；消防报警，喷淋安装；室内开关位置；地板打磨油漆等。经过样板间施工以及请专业处室领导评审，调整了室内灯光布置、开关箱位置、壁炉保养要求，听取了门窗油漆工艺和颜色的调整意见等，为楼面施工提供样板，确保全面铺开后的施工质量。

　　根据大楼修缮工程的功能定位和总体规划，大楼屋面被改造成"屋顶花园"。主要新增三个方面：一是增加观光平台面积，为景观休闲提供更大的场地。根据设计方案，把屋面沿北苏州路和四川路的场地用芬兰木铺设一个平台，作为观光场地。因为，这个角度是看外滩源、苏州河最佳的位置。二是增加石桥，掩盖气窗烟囱，为屋顶花园增添立体感。在屋顶花园方案设计中，碰到了屋面多处气窗、烟囱要掩盖处理的难题。作为大楼原始建筑的一部分，烟囱和气窗是一个建筑特色，这次屋面修缮必须保留，可是有的气窗虽然不高，但占地面积大，影响了景观的视线。为此，在屋面南侧以增加弯曲廊桥式葡萄架的方法来增加立体感，掩盖烟囱之窗。三是增加"溪水"景观。原设计方案中，在钟楼东侧建有枯山小溪，即假山下面有干的河床，尽管增加了观光效果，但显得呆板。局领导经过现场勘察，决定增加"流水"，使整个景观活起来，加上钟楼下的石桥，产生了"小桥流水"的效应。大楼管理员工自费在"小溪"中养了很多锦鲤，并进行日常饲养管理，为游客增加了一点雅趣。

　　大楼结构加固也是本次修缮的重点，经同济大学房屋质量检测站现场检测表明，由于该建筑邻近苏州河，建筑地基为软土地基，经过长期使用，建筑结构出现局部不均匀沉降，楼板出现大量裂缝，并且出现混凝土强度大幅度下降和混凝土碳化钢筋锈蚀现象，危及结构的正常安全使用。根据检测报告，结合对文物保护的修缮要求，对不同部位和

二楼营业大厅局部（秦战摄）

楼梯（秦战摄）

二楼营业大厅局部（秦战摄）

第五章　　　在城市更新中　　151

楼梯（上海邮政博物馆提供）

大楼内的楼梯（上海邮政博物馆提供）

楼梯（秦战摄）

第五章　　　　　　　　　　在城市更新中

区域，同济大学建筑公司采用粘贴厚度仅 0.3 毫米的碳纤维布、钢板和局部防碳化环氧修补胶等不同的方式进行加固修补，保证文物建筑的安全使用。通过此次结构加固，上海邮政大楼这幢历经 80 余年风雨的优秀历史保护建筑基本满足了国家有关规范的要求，大大提高了结构的安全性能，再次焕然一新，成为保护性修缮的一种成功的尝试和典范。同济大学在上海邮政大楼修缮过程中使用的"建筑结构检测评定理论与工程应用技术"，获得了教育部 2006 年度高等学校科学技术二等奖。

邮政大楼修缮的全过程，从 2003 年 1 月起，在边办公、边营业、边施工的情况下，分阶段地进行施工修缮，经过两年，于 2004 年末，基本完成了各项修缮任务。大楼通过修旧如旧，尽显其原貌。同时，大楼的建筑历史文化、建筑艺术和文物价值也融入了博物馆中，并通过邮政博物馆这一平台向社会公众进行展示，让百姓都能走进这一建筑宫殿，共同欣赏、品味，了解邮政大楼的历史、邮政的历史以及上海近现代发展的历史。修缮后的邮政大楼和新建的邮政博物馆相互融合、相得益彰，成为苏州河畔一道靓丽的风景线。[1]

二、功能改变

北苏州路 250 号是原四川北路邮政支局的大门，2006 年，在这个漂亮大气的门楣上方，装上了江泽民题写的"上海邮政博物馆"大铜字，如今又挂上了"上海邮币卡交易中心"铭牌，这从一个侧面反映了邮政大楼功能的悄然变化。登上九级呈圆弧状的花岗岩石阶，进入大门，眼光顺着大理石墙面向上看，映入眼帘的是粉红与湖蓝相间勾边的山花浮雕椭圆型天顶，一盏欧式水晶大吊灯从中间直垂而下，透出古典与华美的气息。顺着两边的旋转式大理石楼梯而上，铜制的扶手栏栅上镶嵌着的金黄色图案，透出特有的精致。二楼邮政大厅有 1200 多平方米，向社会免费开放的上海邮政博物馆设在与营业大厅相连的北面，这里原先是信函分拣工

改造前的天井（上海邮政博物馆提供）

作场地。一扇宽大的柚木门，门头上江泽民题写的"发展现代化邮政，满足人民需要"几个大字诠释着邮政的神圣使命。两边古铜色的浮雕图案，融合了鸿雁、烽火、驿寄、梅花等各种邮政元素，显得厚重而典雅。上海邮政博物馆陈列主展区的入口就设于此。

　　从展区出来就是二楼内的阳台通道，从这里能俯看整个天井。原来邮车进进出出的天井，在2003年修建时，加盖了钢架玻璃天棚，成为邮政大楼的中庭，并在东西两边增加了两部观光电梯，成为邮政博物馆的一个组成部分。

　　搭乘观光电梯来到邮政大楼天台，这里的违章建筑早已拆除，已成为一个小桥流水、绿荫葱郁、四季花香的屋顶花园。地面由木板铺设而成，宛如闹市中亲近自然的空中花园，这里是邮政大楼员工最惬意小憩的静谧之地，时不时还有一些国际大牌把这里作为他们浑然天成的秀场。站在屋顶花园的栏杆边，可以聆听苏州河里的汽笛声，遥望外白渡桥和东方明珠一带的美景。

　　顺着地上铺着的长长木地板，穿行在藤架丛中，便来到了巴洛克风格的钟楼下。钟楼两旁的基座上有两组雕塑，一组是三人，手持火车头、飞机和通信电缆的模型。另一组也是三人，居中者为水星，是希腊神话中的商神，左右为爱神，象征邮政为人们沟通情愫。这两组寓意深刻、栩栩如生的雕像，在"文革"期间被当作"四旧"强行拆毁。拆下的雕像被扔在四川北路上，晚上被一个美术学校的学生偷偷搬走，其中头像被翻成石膏模子。"文革"结束后，上海邮政根据这一石膏模子，按样重塑，以青铜铸造。于是，这两组雕像在33年后得以重归钟楼，成为浦江两岸又一道别样的景致。

重建雕像，先要挑选雕塑家，文管会、规划局、规划设计院和同济大学的专家们，一致推荐由上海市城市雕塑艺术委员会主任章永浩教授担任。章永浩是上海雕塑界的领军人物，上海的名人雕塑如马克思、恩格斯像，田汉、沈钧儒像等，均出自其手，矗立于外滩的陈毅铜像更是他的代表作。大楼管理处的石文忠从档案里找来了当年雕像的各种照片及设计图纸，并根据有关线索追查"文革"中被拆雕像的下落，从上海市区查到嘉定，最后在一位美术教师家中找到的部分人像的石膏模型，成为设计依据和重要参考。钟楼雕塑的原设计系用青铜材料，后因经费短绌，营造商改用水泥和石料，以致后来发现白蚁，这次重建决定仍用青铜浇铸。在设计过程中，年近古稀的章永浩，在石文忠陪同下冒着危险攀上钟楼塔进行勘察，现场勘察和测量设计小样出来后，经过评审，一举通过，接着按1:1比例放大，进行二审、三审，均顺利通过。

回到中庭的底楼，原来的月台加砌了台阶，铺上了漂亮的大理石。抬头环顾四周，那金黄与蔚蓝相间的天棚、暗铁红的墙面、墨绿色的窗框、粉绿色的栏杆、白色的地坪，使中厅显得格外瑰丽。在中厅的西侧，依次陈列着一辆标有"大清邮政沪局"的马车模型，一辆印有"中华邮政"字样的邮运汽车和一节墨绿色的印有"中华邮政""行动邮车"字样的火车仿真模型，使观众能了解到邮运发展的过程。

随着邮政大楼改建完成，大楼一层也被赋予新的使命，

邮政大楼中庭的马车、邮运汽车模型（朱梦周摄）

邮政大楼中庭的火车仿真模型（朱梦周摄）

突出它的展示和多重利用的功能。原先的包裹分拣场地已变身成为艺术展厅,多次举办各类中型画展、商品展,因独特的地理位置、宽敞的空间,深受策展人的喜爱。

近年来,市邮政公司领导面对激烈的市场竞争和强大的工作压力,提出了"快乐工作,健康生活"的理念,号召员工积极参加体育锻炼,释放压力,调节情绪,保持良好的心态和健康的体魄,全身心投入到工作中去。为此,将北面原来的印刷品分拣场地和海关包裹收寄处,改建成了一个运动场地,健身器材一应俱全,供员工免费健身,深受员工们喜爱。

中庭是一个功能百变的大场所,平时是员工们业余打羽毛球的锻炼和比赛场地,是上海邮政举行盛大邮品发布会的现场,是各种大型集邮展览的展厅,更是国际奢侈品、时装秀发布的现场。整个中厅经过了精心的舞台设计和布置。在不断变幻的灯光和激烈的摇滚音乐中,整个邮政大楼仿佛成了魔都时尚的新亮点,焕发着青春活力。

三、上海邮政博物馆

2000年初,上海邮政响应市委市政府号召,根据"上海市发展行业博物馆座谈会"精神,结合行业实际和特点,开始筹划建设邮政博物馆。在前期筹备阶段,上海邮政管理局先后召开"关于筹建上海邮政博物馆方案研讨会"等,听取市文管会领导、博物馆有关专家、学者的意见建议,并在全局范围内开展文物普查工作,还通过《新民晚报》刊发了筹建邮政博物馆的消息。2000年5月,通过市邮政局发文,在全局范围内开展文物自查和调研工作,在《上海邮政》报刊登了《征集文物启事》。上海市邮政局文史中心博物馆(筹)副主任郭士民和同事,先后赴中国第一历史档案馆、第二历史档案馆、国家邮政局档案馆、上海市档案馆、上海市图书馆、复旦大学图书馆、上海市文管会,以及松江、金山档案馆等单位,开展文物考证和复制工作。此外,还充分利用档案馆的馆藏资源，加以研究挖掘，先后查阅了一千余卷历史老档案，寻找邮政发展的历史文脉和可供作为展品的文献资料及实物，为博物馆的建设打下了基础。

将上海邮政博物馆的馆址确定在邮政大楼内，这样，邮政大楼的建筑、大楼内发生的故事和曾经生活在大楼内的人物，就是上海邮政博物馆最大的亮点，也是最有价值的文物。上海邮政博物馆以详实的史料和实物，追溯了上海邮政的起源与发展。上海邮政博物馆的馆名是由江泽民亲笔题写的。

2006年1月1日，上海邮政博物馆开馆，正巧这也是上海市的第100家博物馆。博物馆开馆后，坚持免费向公众开放，成为上海市爱国主义教育基地、科普基地。2007年，上海邮政博物馆获得第七届（2005—2006年度）全国博物馆十大陈列展览"最佳新材料新技术奖"。

上海邮政博物馆整个主展区面积为1500平方米，分为一个序厅，以及"起源与发展""网络与科技""业务与文化""邮票与集邮"四个展区。从一幅幅泛黄的老照片、一件件古旧的邮用工具和设备中一路走来，现代邮政的科技元素与新型手段不时呈现，交错辉映，向人们娓娓讲述着上海邮政在中国邮政史上重要而独特的地位，及其演变、发展的历程，让人不禁感叹邮政科技、邮政文化的文史价值和经济价值。

（一）
前　厅

前厅主要陈列了新中国首任邮电部部长、全国人大常委会副委员长朱学范先生的照片和实物。展柜中的一套邮票是在朱学范的建议下陈列的，这套邮票是于1984年发行的新中国的第一套福利邮票——T.92"儿童"附捐邮票，面值是8分+2分，这附加的2分就是捐给中国少年儿童福利事业的，此套邮票的发行为中国儿童和少年基金会筹集了60万元的资金。

(二)
第一展区 起源与发展

1. 古代邮驿

中国通信历史源远流长,击鼓传声、烽火报警、邮驿传书,代代相传,至今已延续了3000多年,最早可以追溯到殷商时期。在殷墟出土的我国最早的甲骨文片上,就有通过击鼓传声来传递北方军情的记载。后来,出现了政府的通信机构——邮驿。

到了西周,首先在通信上使用了传车。传世青铜器桓子孟姜壶内壁所刻的铭文中就有通信上使用传车的记载。我国大思想家孔子曾说:"德之流行,速于置邮而传命。"他将道德流行的速度比作像邮传一样迅速,说明邮传在春秋时期已经十分普遍了。

秦王朝的建立,使通信方式发生了革命性的转变。秦朝颁布了迄今为止发现的第一部有关通信的法令秦简《行书》,上面对传递公文的时限等作了明确的规定,说明秦王朝时期已经建立了一套较为严格的通信制度。秦朝的阳陵虎符由青铜制成,外形呈卧虎状,中间一分为二,项背上刻有"甲兵之符,右在皇帝,左在阳陵"的字样,需要调兵遣将时必须验视两块令符,完全无误后,方可调集千军万马。

汉武帝时期,为了加强国际间的经济和文化交流,开始建立国际邮路,其中最有名的要属丝绸之路。而为了防止公文在传递的过程中被私拆和泄密,从汉代开始,在公文的封口上使用封泥。魏晋南北朝时期,曹魏颁布了中国历史上第一部《邮驿令》,同时出现了"信函"一词。邮政储蓄绿卡上的图案就来源于魏晋古墓中出土的驿使画像砖。

唐代,邮驿得到了空前的发展,最盛时期,驿夫多达17000人,于是就有了唐明皇利用邮驿为爱妃千里飞马送荔枝的故事。当时,从福建岭南送荔枝到唐朝都城长安仅用了3天时间,可见当时邮驿的速度之快。

宋、元、明三朝对邮驿进行了十分严格的军事化管理。

到了清代，盛极一时的邮驿开始走下坡路。鸦片战争后，随着开埠通商以及近代邮政的兴起，邮驿逐渐衰亡，辛亥革命后，有着3000多年历史的邮驿退出了历史舞台。

烽火报警是中国最古老的通信方式之一，古代就有周幽王为博褒姒一笑，而烽火戏诸侯的故事。北方建烽火台，南方沿海口岸建烽火墩。上海从三国东吴时期就建造烽火墩，防止海寇的入侵。据考证，南宋韩世忠、明朝戚继光在上海留有烽火墩160余座，现在上海很多地方以墩为名，就是由此而来。

唐玄宗天宝十年（751），在今天松江区境内建立了上海第一个邮驿——华亭驿；南宋时期，又先后建立了云间驿、西湖馆驿和枫泾驿。在清代嘉庆年间的松江府城图上，我们可以清楚地看到云间驿和西湖馆驿的位置。

展柜陈列了历朝历代有关邮驿的展品，它们共同见证着整个邮驿的发展史。墙上陈列的是1894年清朝颁布的兵部排单，它对经传邮件的种类、数量、重量等均作了明确的规定，相当于我们邮政现在使用的路单。

中国古代的邮驿组织，是政府专用的通信机构，只传官书，不传民信，民间通信十分不便，因而民间才有了鸿雁传书的说法。到了明朝中叶以后，随着商品经济的发展，民间通信的需求日益增加，从而出现了民信局。从1905年的上海地图上可以看见，当时上海的民信局主要集中于南北两市。北市集中于二马路，也就是今天的九江路附近，建有民信局56家；南市集中于今天的城隍庙小东门附近，建有民信局40家。但是由于民信局大多规模小、寄达范围有限，不能提供普遍服务。1935年前后，有500多年历史的民信局全部关闭停业。

2. 近代邮政

近代邮政在中国，是以客邮的形式出现的。1840年鸦片战争后，西方列强擅自在中国开设自己的邮局，为其在华的国人服务，被当时的清政府称为客邮。1861年起，英国首先在上海设立了第一家客邮，随后，法、美、日、德、俄

唐代，驿夫快马为皇帝送鲜荔（上海邮政博物馆提供）

清代，邮驿开始衰亡（上海邮政博物馆提供）

唐天宝十年,华亭县设邮驿(上海邮政博物馆提供)

明信局的兴衰(上海邮政博物馆提供)

等五国也先后在上海开设了客邮局，数量位居全国之首。现在只有德国客邮局的建筑仍然存在，位于四川路与福州路的交接处。客邮的设立大大地侵犯了中国主权，1922年华盛顿会议后，客邮局全部被裁撤。展柜中陈列的是客邮局时期的实寄封与明信片。

　　说起近代邮政的建立，就要介绍一下这位中国近代史上的著名人物，赫德，英国人，1863年升为总税务司。1878年，赫德在上海等五个通商口岸开始实行海关试办邮政。上海海关设立了江海关书信馆对外营业。在主持中国海关的近半个世纪中，赫德把外国邮政的新型概念引入中国，把邮政从为官方服务引为向民间服务。赫德去世后，清王朝追授他为太子太保。我国发行的第一套大龙邮票的设计图稿，最终选取龙图案，稍作修改后，于1878年6月在上海印制。海关邮政设在外滩海关大院后院天井。

　　海关试办邮政，只在通商口岸才设有营业场所，因此远远不能满足人们的用邮需求。1896年3月20日，总理衙门奏请光绪皇帝开办国家邮政，光绪皇帝谕笔朱批"依议"，从

1861年，英国在上海英租界北京路7号设立邮局
（上海邮政博物馆提供）

大清信差在海关后院合影（上海邮政博物馆提供）

此大清邮政正式开办，这一天也成为中国国家邮政开办的纪念日。次年，即1897年，上海大清邮政局成立，局址仍在海关大楼内。展柜里陈列了当时上海大清邮政局信差的合影。

1899年，上海大清邮局更名为上海邮政总局。1907年，大清邮政总局从海关后院迁至北京路9号，租用怡和洋行建造的新厦，作为其新的办公场所。展柜里陈列了当时所有中外员工的合影；北京路9号内上海大清邮政分拣、营业的场景照片；大清邮政时期的信封和发布的章程、文件。大清邮政虽为官办邮政，但从主管人员历任表上可以看到，邮政的实权仍掌握在外国人手中。直到1910年，盛宣怀晋升为邮传部尚书后，经过与外籍总税务司的多次交涉，终于达成了将大清邮政移交给邮传部接管的协议。1911年5月28日，邮传部正式接管大清邮政。

3. 民国邮政

辛亥革命后，大清邮政改为中华邮政，龙旗改为五色旗。中华邮政时期，入局要考试，通过甄拔考试晋级。展柜里陈列有中华邮政时期，招收邮务员的考卷，以及上海邮务管理局特种考试邮政人员考试规则、招收苦力要求、员工参加甄拔考试的手写答卷等资料。

展柜里还陈列了民国时期上海邮政使用的邮筒、信箱、秤量工具、邮袋、内部处理清单、实寄封、民国时期上海邮政职工家属转往衡阳邮局携带的旅行护照和成都邮政职工调往上海邮局供职携带的通行证等。

中华邮政时期，上海邮政提出了"快、安全、普遍、服务"七字方针。（1901年，上海邮政利用火车运邮；1906年，购置游艇运邮；1911年，使用摩托车收信）1911年，购置百辆自行车投递；1917年，使用汽车运邮；1929年，成立定期航空邮路。上海邮政在人口流动较多的地方，开设汽车行动邮局、轮船行动邮局和火车行动邮局，受到社会各界的好评，被称为"沙漠中的一块绿舟"。

1874年，世界邮政管理机构邮政总联盟成立，后改称万国邮联。1914年3月1日，中国加入万国邮政联盟，上海邮政被指定为国际互换局。展柜里陈列了中国加入万国邮联的申请和批复。

展柜里展示的是上海邮政大楼的模型。大清邮政和中华邮政时期，上海邮政进出口邮件运输主要利用水路运输。上海邮政在北京东路外滩15号设立邮政专用码头，邮务长办公室设在本大楼326室，邮务长可以通过望远镜了解码头的邮件装卸情况。

4. 工人运动

上海邮政有着光荣的革命历史和优良的传统。1921年，中国共产党成立，次年，上海邮政有了第一个共产党员蔡炳南。1924年，上海邮政成立了第一个党小组，当时的成员有蔡炳南、沈孟先、顾治本。1925年春，上海邮政成立了第一个党支部，当时共有党员7人。

1938年，邮局职工周清泉为了收寄进步书籍，租用了1741号邮政信箱，此后，1741号邮政信箱被上海邮政用作秘密通信，接收党内进步书刊，直到1945年邮局大逮捕，才停止使用。

1949年5月，中国人民解放军展开了解放上海的战役。上海邮政大楼是扼守苏州河的重要战略要地，国民党派驻了

北京路9号包裹营业场景(上海邮政博物馆提供)

北京路9号挂号邮件部门工作场景(上海邮政博物馆提供)

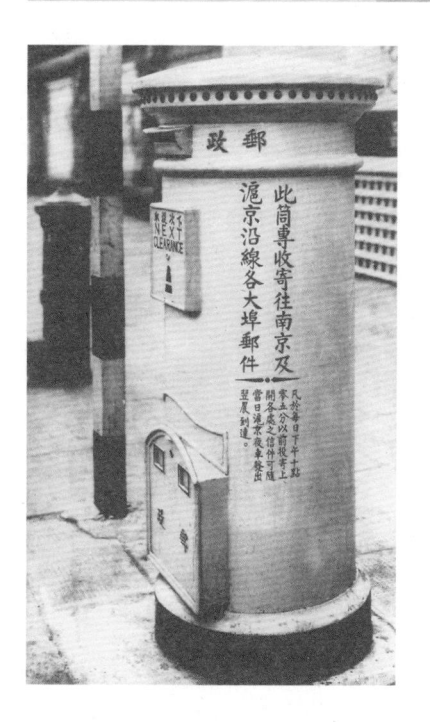

安装于上海街头的中华邮政专线邮件信筒
（《上海邮政一百年》）

民国时期报刊等印刷品分拣（上海邮政博物馆提供）

168

民国时期外洋邮件分拣（上海邮政博物馆提供）

民国时期信件分拣（上海邮政博物馆提供）

青年军204师进驻大楼，妄图利用这栋钢筋混凝土顽抗。上海邮政职工唐叟利用其广泛的社会关系，对国民党部队进行劝降。最终，上海邮政大楼完好无损地回到了人民的手中，其间没有丢失一件邮件，没有损坏一件设备，没有遗失一份档案。

5. 20世纪50—90年代

上海解放后，上海市军事管制委员会接管上海，陈艺先被任命为上海邮局局长。1950年起，历任华东邮电管理局副局长兼上海邮局局长，邮电部邮政总局副局长。

1949年10月，中华人民共和国成立，上海邮政进入了全新的发展阶段。1950年3月，上海邮政设立了发行科。1960年，成立了卢湾区自动化实验邮电局。

20世纪80年代，改革开放后，随着经济的飞速发展，邮包寄递量也迅速增加。1986年，成立了沪太路邮政重件处理中心。

进入20世纪90年代，在新技术的推动下，随着经济全球化进程的加快，作为服务行业的上海邮政，提出了科技兴邮，走上了现代化的道路。

解放后，上海邮政的文化艺术活动等得到了蓬勃的发展，涌现出了很多艺术家。比如上海邮政著名的书法家任政，当年他以一手漂亮工整的小楷考入了上海邮局，1997年，他被上海市书协及文联誉为"艺德双馨书法家"。再比如从上海邮政走出的著名表演艺术家陈述，解放后他曾在多部影视剧中担任重要角色。

1999年邮电分营，上海邮政开始独立运行并在全局开展征集企业精神活动，确定"创一流邮政，建都市窗口"为企业精神。七年来，上海邮政坚持一手抓改革发展，一手抓企业文化和精神建设，十大战略的实施取得了明显成效。上海邮政大力开展"凝聚力工程"建设。邮政领导深入基层，联系群众，凝聚人心，落实实事项目，解决职工生产生活困难，调动职工的积极性、主动性和创造性。

上海邮政行业之歌征集活动得到了员工的广泛响应。

1985年5月，沪太路邮政重件处理中心竣工（上海邮政博物馆提供）

在员工创作的596首歌词作品的基础上，由著名音乐家提炼谱曲，形成《鸿雁之歌》。此外，上海邮政的陈志康潜心钻研锯琴艺术，并获得了国家专利。

为整顿规范书报刊市场，1998年，上海邮政落实市府实事工程，成立了东方书报刊服务有限公司。目前已建成2000多个书报亭，解决了3000余名下岗职工的就业问题，现被市民誉为便民亭、安全亭、文化亭、宣传亭。

为了使用户可以足不出户，享受邮政的服务，上海邮政成立了客户服务中心11185，该服务中心具有邮政业务受理、邮政业务查询、邮政业务咨询、用户建议投诉四大服务功能。上海邮政致力于服务方式的根本转变，推进"邮政服务形象"工程建设，创新服务手段，提升服务水平，满足社会多元化、多层次的用邮需求。在邮政服务走出国门方面，组团参加2004年"中法文化年，上海巴黎周"活动，展示邮政风采，促进邮政业务和文化发展，拓展邮政服务领域，体现上海邮政良好的国际形象。

1999年,上海邮政承担了第二十二届万国邮联大会上海活动的任务,接待了182个国家和地区以及13个国际组织的1232名邮联代表。为纪念这次活动,上海邮政特制了特大签名纪念封,并获得了大世界基尼斯世界记录——最大的纪念封的证书。

上海邮政积极开展国际邮政组织的友好交流活动,加强国际间的交流和合作,拓宽涉外经济项目的引进合作渠道,展柜里陈列有各国邮政代表团赠送给中国邮政的外事礼品。

上海邮政各岗位上涌现出的许多全国、上海市、邮电部、国家邮政局的劳模先进代表,成为邮政的荣耀和品牌。展柜里介绍了他们中的代表。

1988年1月24日,昆沪80次特快列车在开往上海的途中意外颠覆,上海邮政的四位押运员挺身而出,临危不惧地抢救旅客和邮件。他们的行为得到中外旅客的称赞,体现了邮政职工崇高的职业道德。

(三)
第二展区　网络与科技

邮政局所是构成邮政通信网络的重要实体,是邮政为社会和用户提供服务的主要窗口。1911年,上海共有服务网点30处;解放时增至73处;目前全市共有邮政局所600余处。1999年,位于上海浦东金茂大厦的邮政服务处和东方明珠塔的邮政所被大世界基尼斯总部分别认定为最高的邮政服务处和最高的邮政所——两个最高。

地球的南北两极是人迹罕至的"生命禁区",但却留下了上海邮政的绿色踪迹。邮权的延伸就意味着一个国家国权的延伸。1985年11月,中华人民共和国南极长城站邮局正式对外营业,来自上海邮政的杨金炳成为该邮局的唯一一任局长。

"雪龙"号科学考察船是目前我国唯一的一艘能在极地航行的破冰船。1998年7月18日,国家邮政总局批准在

东方书报亭(《上海邮政年鉴》(2000))

第二十二届万国邮联特大签名纪念封创"大世界基尼斯"记录

(《上海邮政年鉴》(2000))

上海邮政11185服务热线

(上海邮政博物馆提供)

"雪龙"号科学考察船上特设邮政支局,该支局隶属于上海浦东新区邮政局,邮政编码为200138。同年11月5日,"雪龙号邮政支局"正式开张营业,整个支局仅有一人,即来自上海邮政的颜修荣。

浦东邮件处理中心占地157亩,建筑面积5.8万平方米,投资4.4亿人民币。该中心于2003年12月26日全面投入生产运营,拥有各类现代化生产设备110余台,其中绝大部分都是由上海邮政自行设计开发并研制的。同时,该中心也是全国第一个以鸟类生态为主题的生产园区,门前种植着百年古树,园内还散养着数十只孔雀和上千只小鸟,有道是"春去花还在,人来鸟不惊",体现了人与自然的和谐统一。

传统的邮件分拣全部是靠手工来完成,从20世纪50年代起,上海邮政就积极地投入了自主研发自动化、机械化的分拣设备中去。展区里展示的是一台采用了高端无线射频识别技术的包裹分拣机,可日处理邮件十万件。只要对该机器的处理软件进行相应的修改,它就可以应用到物流领域,对大宗物品进行分拣处理。

展柜里展示了各种邮用工具。其中一组是20世纪60年代初创建卢湾自动化邮局时,上海邮政职工自行研制的自动邮票出售机、自动信封出售机、自动明信片出售机等。中国第一所自动化邮电支局,是上海市卢湾邮电支局,里面设有排列整齐、造型美观的30多台各种自动出售机群和许多新型的邮政自动化设备,如:自动兑币机,购邮票机,多用出售机,平信收寄机,电子包裹收寄机,台式计算机,汇款单出售机,绳子、木箱出售机,塑料封口机,自动取包机,投币式公用响话机,电子钟等。

展台还展示了四个漂亮的邮筒,分别是美国、澳大利亚、土耳其和日本的。旁边展示了"鸿飞"号游艇模型,"鸿飞"号游艇是中国第一艘邮用游艇。还有以20世纪50年代上海邮政的全国劳模杨莲英同志为原型创作的,描绘上海邮政投递工作人员不畏艰辛、顶风冒雨投送邮件的场景——"风

2003年,上海浦东邮件处理中心竣工投产仪式(上海邮政博物馆提供)

浦东邮件处理中心办公大楼外景(上海邮政博物馆提供)

雨无阻"。展区还有一组目前最为先进的智能化大楼信报箱，邮政投递人员需要通过特制的 IC 卡或密码卡才能打开信箱的封条投递信报，而这些封条能防止垃圾邮件的随意投入。

展区还配备有邮政工作服饰演变的演示视频。

（四）
第三展区　业务与文化

展区用动画形式表现了一封信的历程。用户委托邮局投递邮件，需经过投交、收寄、进口分拣、运输、出口分拣五个重要环节，三四十道工作程序。

1. 函件业务

古代邮驿通信就是现代函件业务的起源，从最早的官府公文传递到民间书信往来，上海邮政的函件业务已历经百年。"烽火连三月，家书抵万金"，信函在古代是互报平安的手段。现在，各类通信工具已广泛使用，但贺卡、邮送广告、银行的对账单、企业信息反馈卡等各类新型函件仍很多，据统计，现今上海的人均函件年使用量已超过 60 份。

名人书信是历史的精神财富、人类的艺术瑰宝，展柜里陈列着黄宾虹和巴金的书信手迹，黄宾虹先生的字体遒劲

"鸿飞"号游艇及随艇（上海邮政博物馆提供）

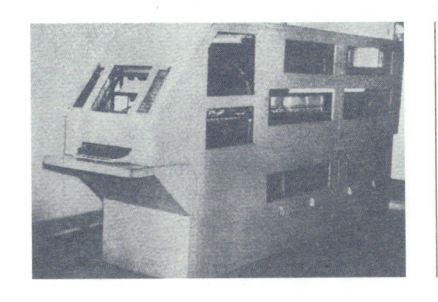

20世纪50年代，上海邮政职工桑兆麟试制的键盘式信函分拣机，用机械取代手工操作

（上海邮政博物馆提供）

20世纪80年代，上海自主研发的新颖托盘式包裹分拣机

（上海邮政博物馆提供）

2003年引进并在浦东邮件处理中心使用的索立斯特扁平邮件分拣机

（上海邮政博物馆提供）

秀逸，令人难忘。书信旁边的是民国时期一个富家小姐使用的化妆盒，她可以把她的情书放在最上面的一层；另外，盒子配有龟形锁，钥匙可作为小姐的饰品随身携带。

如今各类新型的函件已不仅成为人们之间传递亲情、友情、爱情的桥梁，同时也成为很多企业营销的手段。它为人们提供着新型的便捷服务，改变着人们的消费习惯和生活方式。展柜中就陈列了办理各类函件业务时使用的明信片、邮简、信封等。

2. 发行业务

解放前，报社的报纸零售全部由报社雇用报童沿街叫卖来完成，展柜里陈列的是当时报童叫卖时使用的报袋。报童的生活非常艰辛，他们的真实写照在聂耳的作品《卖报歌》中形象地体现了出来。新中国成立后，中国开始实行报社通过邮政渠道发行销售各类报刊杂志的"邮发合一"发行政策。展柜里展出了1950年5月1日劳动节那天，上海邮局接发的第一份邮发报纸——《解放日报》。展柜里还展示了一些解放初期上海邮局接发的报纸与杂志。

3. 金融业务

1919年，上海开办了邮政储金业务，成为全国首批开办邮政储金业务的城市之一。1986年，上海恢复开办邮政储蓄业务，成立了上海市邮政储汇局。上海邮政还利用自己的网络优势，从国家利益出发，开办代办储蓄、汇兑、代理三类金融业务。

目前，在邮政汇兑业务方面，在上海打工的农民工是汇兑业务的主力军，上海邮政代表党和政府为他们提供着优质的服务，为我们党在解决三农问题上作出贡献。

在代理业务方面，从代发企业工资、代发社会养老金、代理保险到涉及千家万户的代收水电煤账单，虽然代收小到几元钱的水电煤账单对于邮政的投入来说不成正比，但邮政为帮助政府解决社会的难点问题，再次站在了最前列。

为社会代发养老金（《上海邮政年鉴》(2000)）

（五）
第四展区　邮票与集邮

邮票是邮资凭证，也是从邮政见证历史的文物，被称为"国家的名片"。1840年5月6日，世界上第一种邮票"黑便士"在伦敦出售，主图为维多利亚女王的侧面头像。展区通过先进的全息影像技术，展示了1878年中国发行的第一套国家邮票——大龙邮票，这套邮票由上海海关造册处印制。

自1840年英国发行世界上第一种邮票后，各国纷纷效仿。展柜中的表上展示了前50个发行邮票的国家。至19世纪末，已有200多个国家和地区发行了邮票。

随着邮票种类的增加，一些世界著名的邮票目录也相继出版，展柜里陈列的《斯科特》目录就是其中之一。我国从1993年起，陆续出版了《中华世界邮票目录》的亚洲卷、欧洲卷和美洲卷。

随着社会需求的发展和印制技术的进步，出现了特殊形状、特殊材质、特殊工艺的邮票。展柜里就展示了各国发行的异形异质票，其中上面的三套是中国发行的异形异质票，这套不丹唱片邮票放在唱机中，能放出动听的不丹民歌。

展柜里还陈列了世界上著名邮票的照片，以及各国以此图案发行的票中票。其中以英属圭亚那1分洋红邮票最为珍贵，该邮票被公认为世界第一珍邮，存世仅一枚信销旧票，并被剪去四角，成八边形。

在这个展区，可参观中国邮票的起源与发展：1878年起，海关试办邮政时，发行了中国的第一套邮票——大龙邮票。一套三枚，发行三版，发行的大龙邮票中，以大龙阔边、黄色5分银票全张最为珍贵，属世界孤品，被誉为"西半球最珍贵的华邮"。小龙邮票，是中国发行的第二套邮票，也是第一套使用了水印纸印制的中国邮票。万寿邮票——中国的第一套纪念邮票，为配合慈禧太后六十寿辰而发行。

大清邮政成立之初，专印邮票制成之前，沿用海关发行的邮票，在邮票上加盖"暂作洋银"，改值使用。1897年，清代国家邮政发行了专印普通邮票，即蟠龙邮票，全套邮票共有蟠龙、跃鲤、飞雁三种图案。

1912年，中华民国成立，发行加盖"临时中立""中华民国"字样的邮票。展柜里陈列的是中华邮政时期最早的专印邮票，以孙中山像为主图的光复纪念邮票。

1996年发行的《上海浦东》邮票，是唯一由地方自行组织设计、印制的邮票，并被评选为当年的最佳邮票。

为推动集邮活动在少年儿童中普及，1998年12月5日，国家邮政局以"展望新世纪邮票"为题，组织全国6至12岁的儿童参与邮票设计竞赛。展柜里陈列了上海地区入选的六幅作品，其中上海培佳实验学校凌俐斐的"奔向新世纪"被用为《世纪交替 千年更始——21世纪展望》邮票的第一图。

自1840年世界上第一枚邮票发行起，集邮活动就随之产生了，在黑便士出售首日，便有人购藏全张120枚。展柜里罗列了最早的集邮现象，如中国的集邮经外国来华人员的传播而产生。展柜里收藏有当时《申报》上刊登的集邮广告，在当时，邮票也被称为"老人头"。1910年，外国人便在上海设立了中国最早的拍卖行鲁意师摩洋行，经办邮票拍卖，展柜里收藏有当时的目录和广告。

1912年，上海邮票会成立，这是中国最早的集邮团体，其骨干主要是在沪外侨。1922年8月，神州邮票研究会在上海成立，这是中国集邮者最早自行创建的集邮团体，但存在时间不及一年，展柜里陈列了他们出版的唯一一期《神州邮票研究会会刊》。

周今觉，购藏"红印花小字当壹圆"四方连，被誉为"邮王"。1925年，他在上海成立的中华邮票会成为当时影响最大的集邮团体，他还主编了会刊《邮乘》。朱世杰是解放前上海有名的邮商，曾为上海邮局职员，1936年，与陈复祥等共同发起成立了中国邮商公会。

钟笑炉，被誉为"近代票权威"，1988年，由其家属捐赠资助成立的上海钟笑炉集邮基金会，是中国迄今唯一的集

1910年，鲁意师摩洋行，中国最早的拍卖行（上海邮政博物馆提供）

邮基金会。钟笑炉在上海创办的《近代邮刊》是当时影响最大的集邮期刊，展柜里陈列了钟笑炉亲属捐赠的《近代邮刊》封面印制原铜版。

1981年1月10日，上海市集邮协会成立，创办了《上海集邮》。展柜里陈列了成立的000001号纪念封和成立照片。1984年，上海市集邮协会召开第一次代表大会。上海集邮节设立于1998年3月5日，为推广集邮文化，上海市集邮协会积极组织开展国际、国内邮展、讲座、竞赛等各项活动。展柜里陈列了集邮节的纪念封和邮展的目录、入场券等。

四、"中华第一邮"：大龙邮票

1876年秋天，"烟台议邮"[2]发生后，随着海关向公众开放邮递业务筹备工作的启动，是否使用邮票和如何制作邮票被提上了议事日程。这一酝酿过程，大致始于1877年年初，到1878年6月付诸实施，历时一年半。其间有关邮票的印制等问题，有两种不同的方案，即金登干的"伦敦方案"与德璀琳的"上海方案"。

1877年3月5日，正在上海海关的德璀琳给海关驻伦敦办事处税务司金登干（J.D.Campbell）发出信函，这是海关邮政询问邮票的最早文件：在英国印制100万枚邮票的费用；购买机器、设备和纸张在中国印制邮票，每星期印制100万枚的费用及雇用英国职员每月的开支等。[3]

7月13日，金登干致函赫德，再次阐述了自己坚持在英国印制邮票的理由：

> "关于邮票事公文，现在没有什么可补充说明。延误无疑使您失望。不过，即使我向采购单上开列的那些公司订货，大概也要六个月后才能全部寄到上海，留出承包商的耽搁、发生事故等等而拖延的时间。若找德纳罗公司代为印刷，则不仅可以很好地按订货单办事，而且可以节省时间和费用。如果您决定在这里开始印

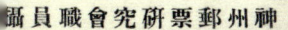

1922年，神州邮票会会员名录（上海邮政博物馆提供）

周今觉（上海邮政博物馆提供）

钟笑炉（上海邮政博物馆提供）

制,也许最好把齿孔机运送到中国去,这样,邮票要在中国经过最后一道工序——并经检验以后才能发行。[4]

把上述金登干的意见归纳起来,大致为三点:第一,邮票图案可采用中国设计的;第二,邮票印制由德纳罗公司负责,在英国完成;第三,邮票制作的最后工序最好在中国进行。粗略地说,金登干的"伦敦方案"与德璀琳的"上海方案",最大的差别其实就在于印制地点及厂家的选择。

1878年6月15日,德璀琳向海关造册处代理税务司夏德(F.Hirth)发出第11号文,这是准备印制大龙邮票的第一份文件,在中国邮票史上具有相当重要的地位:

> 根据总税务司的指示,现在我正着手安排在上海和三个北方口岸以及北京等地试办海关书信馆。我有责任简化各种手续;我发现,为了避免手续和账目复杂化,目前最需要的是发行邮票。去年11月,我已向英国寄去定制邮票的订单,但是由于这些邮票运到中国需要一些时间,因此,在这段时间内,我不得不按原计划请求造册处给我们提供第一批急需的邮票。
> ……
> 现请您指示印字房,按照贴在本文边线外的邮票图样和修改了的刻印文字,印制三分银和五分银的邮票各十万枚。关于印制邮票使用什么颜色问题,我建议五分票用黄色,三分票用红色……[5]

从这份文件可以得知:德璀琳是为了邮务需要而临时决定实施去年5月的那个"原计划的"。第二,大龙邮票的图样及文字,最后是由德璀琳选定并交付印刷的。

中国的第一套邮票究竟用什么图案作为主图,这令设计者颇为纠结。因为从世界上第一枚邮票"黑便士"为发端,欧美等国家发行的邮票基本上是以本国的君主头像为图案的,这在当时几乎成了定式。如果把光绪皇帝或慈禧太后

德璀琳像

(《大龙邮票与清代邮史》)

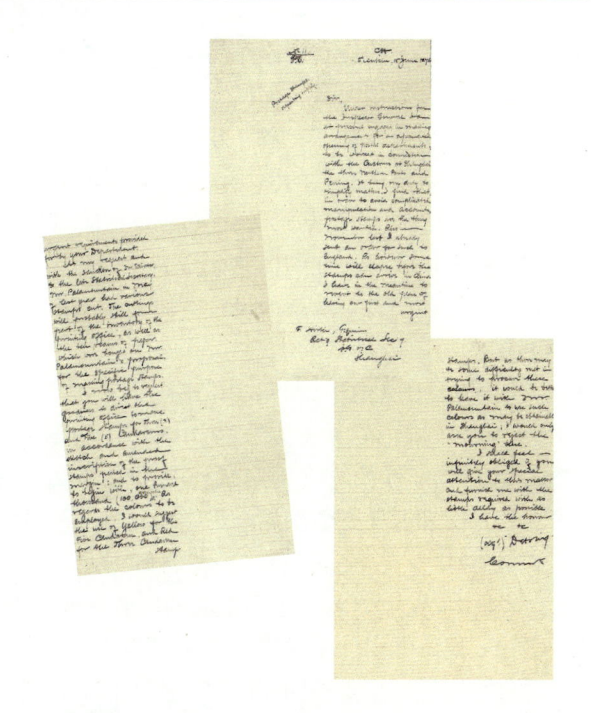

德璀琳致造册处函,要求印制 3 分银、5 分银大龙邮票

(《大龙邮票与清代邮史》)

的头像印到邮票上，再用邮戳盖上，这在当时岂不是对光绪皇帝和慈禧太后的大不敬？

中国第一套邮票在制作筹备的过程中，出现过几种不同的设计图稿和样票，如英国德纳罗公司设计的邮票图样共有八种，八幅样稿的主图完全一样，左右两条龙围绕着一个象征阴阳的太极图案，但并不凸显；其他花纹设计各不相同，绘制相当精致；除了中文面值外，无任何铭记。最终，邮票图样未被采用，但原因未见任何文献记载。当时主持印制邮票者或对此有发言权者均未认可，就连极力主张由德纳罗公司印制邮票的金登干也没推荐这些图案。

赫德遗留下的邮集中，流传出两件题材与此有些相似的图样。两幅水彩画：一为龙凤戏珠，左凤右龙，中间是太极图和火焰珠，下部飘带上有"大清一统万年"字样，图幅为2.5×4厘米；另一幅为5×9.8厘米，图案是双龙戏珠，中间亦有太极图。两图的作者和用途均不详。研究者认为这两幅图稿设计复杂、颜色太多、图幅太大，因而不可能是邮票设计图。除了上述龙凤戏珠、双龙戏珠图稿之外，还流传出过直接与大龙邮票设计有关的图稿，这些图稿先后由英国集邮家阿格纽（Agnew）、台维特（Sir Percival David）以及日本集邮家水原明窗收藏，他们曾对此作了专门介绍，详细描述并研究了有关中国首版邮票的设计图稿。图案有龙、宝塔、背驮万年青的象三种，为黑色水墨画；面值分别为钱（MACE）、分（CANDARIN）和厘（CASH），都从一至五；铭记中文为"大清邮政局"，英文为"CHINA"。

最终，三种象征性的吉祥图案被作为设计方案，分别是宝塔图，云龙图和万年有象图。宝塔图所绘的是一座六层宝塔。宝塔在佛教中有驱除妖邪、护佑百姓的意思，也有"天下六合，江山一统"之意。中国宝塔的层数一般是单数，通常有五层、七层、九层、十一层、十三层等，为什么这幅图稿的宝塔只有六层？不得而知。所以，有人据此认为这三幅图稿应为不清楚中国习俗的外国人所绘制。云龙图的正中是一条张牙舞爪的大龙，周围装饰祥云、海浪和江崖。万年

大龙邮票问世前的原稿（龙凤戏珠图稿）（《大龙邮票与清代邮史》）

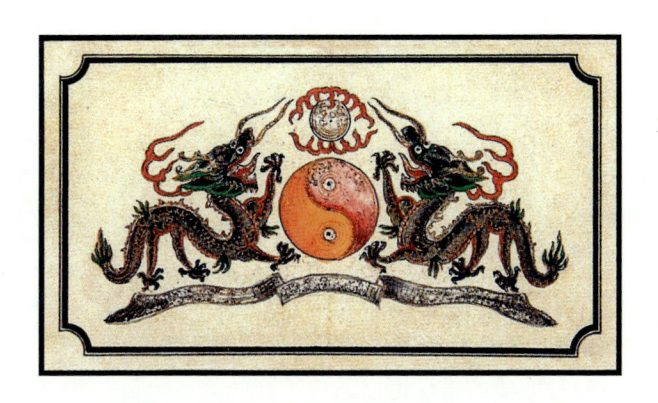

双龙戏珠图稿（《大龙邮票与清代邮史》）

有象图的正中是一头大白象，背驮一盆万年青，其上、左、右各有一只蝙蝠。蝙蝠的"蝠"与"福"字同音，"象"与"祥"字谐音，可见万年有象图被赋予了很多吉祥的寓意。最终，云龙图被选中。中国首次发行的邮票选用龙作为图案无疑是一种非常聪明的选择，龙是中国人的图腾，是中国的象征，是中华文化的经典符号，代表着中华民族的性格；龙既可以显示神圣、威严，又是皇权的象征。因此，邮票选用龙作为图案自然是上下满意，皆大欢喜。

龙既然象征着至高无上的皇权和尊贵，那么邮票上的龙图案就不能随随便便画了，需要依据一定的象征物进行设计。大龙邮票设计的图源取自清代绢绣龙纹袍服上的龙，帝王所穿龙袍上的龙为五只爪，这条绢绣龙是盘绕成反C形的正面龙，周围绣有山、火珠、星辰、海水、祥云等章纹及其他图案。由于邮票面积小，设计时只能删繁就简地留下山、火珠、海水、祥云等图案；原绢绣图上的龙发多而密，邮票上的龙发仅在龙头两侧各留两束。这些图案都与皇权相关，山、海表示江山社稷，这样的设计就形成了一条龙腾于江山之上、祥云之间的意境，象征着大清皇权一统天下。

大龙邮票印制时采用的是铜质版模，由上海海关造册处印制。大龙邮票图案的正中是一条五爪蟠龙，龙首呈正面，两目圆睁，龙身弧形弯曲；四条腿，每腿的五爪伸向图案四角。龙上方有云，下有水，水中有石，龙首下方有一火焰珠，大龙腾云驾雾，煞是威严。邮票上的"大清邮政局"五个字及"X分银"是中文，其余文字是英文：上方标有"CHINA"（中国），下方标有"CANDARIN（S）"的字样。大龙邮票全套三枚，币制为关平银，面值分别为"1分银"（绿色，印刷品邮资）、"3分银"（红色，普通信函邮资）、"5分银"（橘黄色，挂号邮资）。从大龙邮票发行上的实践来看，这三种面值的搭配可以适应不同的邮资价目，基本满足了当时邮政使用的需要。

大龙邮票共发行过三次：第一次发行于1878年，因纸质是硬性半透明薄纸，通称"薄纸大龙"。第二次发行于1882年，因为邮票的票幅比第一次的纵横都宽，通称"阔边大龙"。第三次发行于1883年，因纸质较前两次要厚，通称"厚纸大龙"。其中，"阔边大龙"面值5分银的新票目前已极少，25枚的全张新票存世量仅一张，是中国早期邮票中最著名的两大孤品之一；最早由美国集邮家詹姆士·施塔于20世纪初收藏，曾被中国集邮家周今觉誉为"西半球最罕贵之华邮"；1991年9月12日，在英国伦敦拍卖时，被一港客以61.3万美元购得。

根据1905年绵嘉义的《华邮纪要》记载，包括对薄纸、阔边及厚纸的统计：1分银邮票为206486枚，3分银邮票为

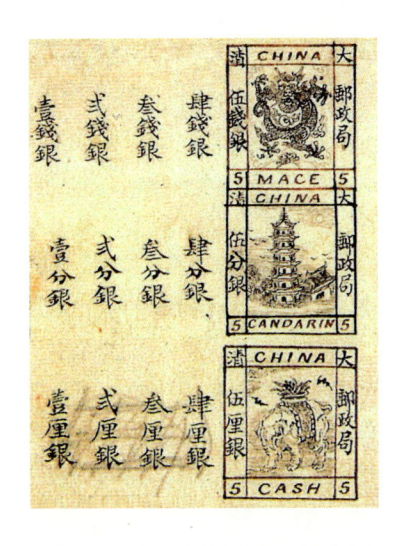

象图、宝塔图、云龙图（《大龙邮票与清代邮史》）

1分、3分、5分银彩色印样（《大龙邮票与清代邮史》）

557868枚，5分银邮票为239610枚，共计1003964枚。对于上述大龙邮票的发行数量，历来有研究文章质疑数字有误，认为实际发行数量可能要远远超过这个数量，但这也是一家或几家推断之言，孰是孰非，准确与否，还是有待于新的档案材料来作旁证。

有趣的是，1878年大龙邮票面世时，邮政部门并未对其正式命名。《光绪三十年（1904）大清邮政事务通报》附件中《邮票略解》的中文本，将大龙邮票称为"第一次出印"，以后大龙邮票即被称为"第一次发行之邮票",简称为"第一次票"或"清一次票",也有称"海关一次"的。1885年,邮政部门再次发行了一套以龙为图案的邮票,两相比较,第二套邮票的图幅较第一套稍小一些,故第一套被称为"大龙",第二套则称"小龙"。但是,无论是大龙还是小龙,都只是民间的叫法,直到1988年纪念大龙邮票发行110周年时,国家邮政部门才正式将其定名为中国大龙邮票,简称"大龙邮票"。从出生到正式有了"官号",历时长达110年,不得不说是中国邮政史上的一桩奇事。

对于我国的第一套邮票来说,还有很多悬案未解,这套邮票的设计者、具体发行时间,都没有解决。对于发行时间,目前只确定是1878年发行的,具体是哪月,不得而知,各种猜测都有;对于这套邮票的设计者,也有各种猜测,有说是中国人设计的,也有说是外国人设计的,都只是猜测,没有具体文献资料佐证。这套标志着中国近代邮政发展进入一个新阶段的大龙邮票,在相当长一段时间内,神龙见首不见尾,面貌模糊不清,被称作"中国之谜"。

五、赫德:中国现代邮政制度的创建者

1913年,中英官商合力在外滩江海北关署(今汉口路外滩海关大楼)对马路的江边绿地建立赫德铜像,以纪念他担任中国海关总税务司达48年之久。铜像系根据赫德的一张照片制作,照片中的赫德大衣微敞、双手背后、低头沉思。赫德铜像高九英尺,底座有四级石阶,走上石阶,便是高高的花岗石方形像基。设计者的精心还表现在像基四周的布局上:像基中部嵌着四块铜牌,西面即正面的铜牌长约八英尺,上面用英文铸着铭文,是哈佛大学校长艾略特(Charles William Eliot)撰写的,下面是中文的大致译文:"前清太子太保尚书衔总税务司英男爵赫君德,字鹭宾,生于道光乙未,卒于宣统辛亥,享遐龄者七十七年,综关权者四十八载,创办全国邮政,建设沿海灯楼,资矜式于邦人,

大龙邮票第一期印行(《大龙邮票与清代邮史》)

大龙邮票第二、三期印行(《大龙邮票与清代邮史》)

备咨询于政府。诚悫谦忍,智果明通,立中华不朽之功,膺世界非常之誉,爰铸铜像,以志不忘……"[6];北、西两边的铜牌略小,北面的图案是墨丘利行走于地球之上[7],西面的图案是一个手执圆灯的妇女,裸足站在海岸之上,为过往的行船导航,这两幅图案分别象征着赫德在中国"创办全国邮政"和"建设沿海灯楼",这是西方世界认为的赫德在中国的两大功绩;像基背面的铜牌上铸着一张赫德历年所受荣典表。1925年,江海北关署被拆除,并在原址兴建新海关大楼,于1927年落成。1941年12月8日,日军侵占上海公共租界,上海海关大楼前的赫德铜像先被推倒,后被熔化。

罗伯特·赫德(Robert Hart,1835—1911),出生在英国北爱尔兰阿尔玛郡一个名叫波塔当的小镇上。1850年,年仅15岁的赫德考取了爱尔兰女王大学所属的贝尔法斯特学院。在校三年中,赫德一直名列前茅,多次获得学院的奖学金，并且拿到了金质奖章。1854年7月，年仅19岁的赫德第一次踏上了中国的土地，先后担任晚清海关总税务司半个世纪（1861—1911），是中国海关、邮政制度的早期创建者，晚清的政治、外交、军事、教育、文化等多个方面都深受其影响。这位被写入《清史稿》的英国人，受到了来自李鸿章及咸丰、同治、光绪、宣统四位皇帝的一致好评，他们认为赫德是一个"食其禄者忠其事"的大清忠臣。《清史稿》对赫德的盖棺定论是："赫德久总税务，兼司邮政，颇与闻交涉，号曰客卿，皆能不负所事。"

1860年第二次鸦片战争后，英、法、俄、美等国家驻华使馆由原驻地上海（1860年前，各驻华使馆都驻上海）移驻北京，他们的往来信件开始由清政府主管外交事务的总理衙门转交国家驿站代寄。1865年以后，海关总税务司署也由上海移设于北京，其来往信件也由总理衙门代寄。

由于当时太平天国和捻军活动于南北数省，战争不断发生，信件传递的安全受到影响，总理衙门便于1866年，将上述信件传递工作交给了由外籍人员直接管理的对信件安全较有保障的海关兼办。海关总税务司的赫德，此前就曾有中国应当开办国家邮政的主张，于是欣然接受了总理衙门的安排，并先后在北京、上海、镇江海关设立了邮务办事处，负责承办外国使节信件和海关公私信件的传递工作。海关兼办邮递虽然数量有限，邮递业务也不多，但却是现代邮政开始在中国出现的雏形，为后来海关试办邮政奠定了基础。

1876年，赫德以北洋大臣、直隶总督李鸿章的助手身份参加了与英国驻华公使威妥玛在烟台的谈判。当时，赫德提议把由英国人创建中国邮政制度的条款列入《烟台条约》之内，想以条约为据开办国家邮政制度，威妥玛没有采纳这一建议。但是赫德创建国家邮政制度的主张却得到了李鸿章的支持，李鸿章想让赫德先在海关内试办邮政，在试办有成效后，再奏请皇帝批准，将海关邮政改办为国家邮政。1878年，赫德与李鸿章商妥，并经总理衙门同意，由海关试办邮政。于是，赫德指派天津海关税务司德璀琳以天津海关

赫德及其名片（上海邮政博物馆提供）

为中心，在北京、天津、烟台、牛庄（营口）、上海五处开设邮局。是年3月23日，天津海关发出公告，宣布收寄华洋公众信件。6月15日，德璀琳要求上海海关造册处印制了3分银、5分银邮票，后又印制了1分银邮票。其中5分银供天津、北京公众与其他各口岸公众互寄信函使用；3分银供北京、天津两地互寄信函使用；1分银则供邮寄新闻纸使用。这是中国正式发行和使用邮票，这三枚邮票均为"云龙"图案，史称"大龙邮票"。

海关试办邮政后，由于机构有限，商民信件仍习惯由民信局寄递，而且只依靠海关的人力，还不能解决邮件传递的问题。赫德为了扩大公众邮件的收寄，与民信局展开竞争，决定由海关另行安排代理邮政机构——"华洋书信馆"。华洋书信馆在收取中文信件时，可以自定收费标准，创收归该馆所有；收寄信函不用邮票，也不实行预付资制，只是盖上邮戳，由收信人付钱。华洋书信馆被委托给北京海关华员文案吴焕经办管理，吴焕接办后便与商行合伙，招揽商股，很快建起一批书信馆。他还计划以上海为中心，在全国各大城市普设书信馆，但是这在发展方针、办法和规模上，与赫德的想法不相符合，"华洋书信馆"很快夭折。赫德设"华洋书信馆"的计划失败后，又于1880年，在海关内部另建了邮政机构，定名为"海关拨驷达局"（即海关邮局，"拨驷达"，为英文"post"的音译，意为邮局），并在长江流域各口岸推广。到1882年年底，海关拨驷达局已经能够独立担负通信任务，赫德便下令与各地华洋书信馆割断关系。后来，华洋书信馆经办的中国信件，也逐渐转归海关拨驷达局。

1882年11月，海关拨驷达局公布了《海关邮局章程》，其中规定邮局信箱从早上7点到晚上19点，对所有寄信的中外人士开放；邮局营业时间为上午11点到下午17点，后又延长到晚上22点；邮件由海关听差投递或收信人自取，中文邮件也由海关听差投送。章程的公布，扩大了海关邮局的影响，使越来越多的中国人认识到邮政的优点。

赫德为晚清邮政的近代化作出了巨大的贡献，也为近百年来我国邮政事业的快速发展奠定了坚实的基础。虽然他的出发点是为本国的殖民主义事业而服务，但这是由当时客观的历史条件决定的。如果没有赫德的敢为人先，中国的现代邮政事业不知何时才能起步。

六、马任全与"红印花小字当壹圆"盖八卦戳旧票

马任全（1908—1988），江苏常州人，著名集邮家、邮学家，中华全国集邮联合会副会长、上海市集邮协会副会长、美国"中华邮票会"会员。在中国集邮界，马任全是第一个抢救并收全中华稀世珍邮，第一个在世界上编著出版中英文邮学巨著《国邮图鉴》，第一个将稀世珍邮悉数捐献给国家的人，被集邮界誉为"一代宗师"。

马任全从学生时代起就迷上集邮，完全是受父亲的影响。马任全的父亲马润生，是我国民族工商业界中一位卓有成就的企业家，先后在上海、常州两地创办纺织厂、铁工厂

和石粉厂。马润生一生喜好集邮，并对邮学颇有研究，曾撰写过多篇邮学论文。马任全耳濡目染，从学生时代起，就致力于清朝和早期国邮的收集。马任全在遨游"邮海"的同时，还积极参与企业的管理工作。1931年，他从上海沪江大学化学系毕业后，在其父亲的顺昌石粉厂从书记、营业员做起；1937年，接任经理、厂长，先后去日本、印尼、新加坡、美国等地考察，引进先进技术，打开产品销路，使顺昌石粉厂成为当时远东最大的石粉厂之一。

马任全是一位有着强烈爱国思想的集邮家。抗战时期，他看到中国的许多珍贵邮票流失海外，痛心疾首，发誓要把珍奇国邮掌握在国人手中。针对清朝万寿票、大龙票和早期红印花加盖票三大目标，马任全以坚忍不拔的毅力潜心搜集。功夫不负有心人，马任全收集的早期华邮珍品蔚为大观，特别是觅得了一枚传世孤品"红印花小字当壹圆"旧票。

红印花原票不是当年为开征印花税而印制的印花税票，而是海关拟在内部使用的一种收费凭证，从票券分类的角度看，也可看作广义"印花"的一种。[8]1896年2月，海关总税务司驻伦敦办事处向英国伦敦华德罗公司定制了一批印花税票，图幅为18.5毫米×22.5毫米，雕刻凹版印刷，主图刷红，精美细腻。1896年8月，红印花原票运抵上海，由江海关接收并保管，但并未启用，其原因不详。1897年，清政府实行币制改革，由原来的银两制改为银元制，这样，原来发行的以银两为面值的邮票便不能继续使用，而设计的邮票又因印刷拖延而不能及时发行，为了应急需要，决定将存放的红印花税票加盖新货币单位，临时代替邮票使用。这样，红印花邮票就被加印了黑体字"大清邮政""暂作洋银"等字样，步上邮坛，并成为国邮中的珍宝。

红印花邮票，原面值3分，经加盖暂作邮票，因面值而异分八种。它们分别是加盖小字："当壹圆""暂作洋银贰分""暂作洋银肆分"；加盖大字："暂作洋银贰分""暂作洋银肆分""当壹圆""当壹分""当伍圆"。加盖票共印了60万枚左右，其中小字"当壹圆"邮票是存世珍品，仅剩下30余枚，分散在国内外集邮家手中，其中四方连一个，旧票一枚，已成孤品。

1978年，"红印花小字当壹圆"以1.008万美元的价格售出，创当时单枚华邮的最高售价。1981年，"红印花小字当壹圆"被美国出版的《司各脱标准目录》著名邮票价值参考书评价为2万美元。1983年，在美国著名邮商乔治·阿里素的珍邮拍卖会上，一枚"红印花小字当壹圆"以4.95万美元被瑞士邮商霍康伯购下。1988年初，我国台湾一位姓苏的收藏家用23万美元买下了一枚"红印花小字当壹圆"邮票，创单枚中国邮票的最高售价。同年9月，在瑞士举行的著名邮商高玲菲娜的珍邮拍卖会上，这个最高售价很快又被刷新了，一枚"红印花小字当壹圆"以30万美元换了主人，创邮票拍卖惊人纪录。

"红印花小字当壹圆"新票，齿孔15度，背带原胶，但已贴过胶水纸。相传，此票是当年棉嘉义从邮局购得，1922年，归陈复祥，1923年，入周今觉邮集，1945年，周今觉出让给王纪泽，王纪泽珍藏14年后，于1959年，连同其红印花专集捐献给国家，被马任全的《国邮图鉴》列为第4号。

"红印花小字当壹圆"旧票，齿孔15度，是"红印花小字当壹圆"加盖票中唯一的旧票，被马任全的《国邮图鉴》列为第17号。小字"当壹圆"旧票最初是德国人费拉尔购自邮局，后来，这枚孤品被转赠给他的女婿——英国人雷本。1916年1月6日，雷本在上海的一次邮票大奖竞赛中，曾公开将这枚邮票展出。之后，雷本将此票卖给了中国邮商陈复祥。过了不久，陈复祥又把它以1000银元的价格转给了袁世凯的儿子袁寒云。袁寒云系纨绔子弟，混迹于十里洋场，把别人委托他办报的巨款挥霍净尽，受到通缉。因不能再在上海厮混，只好远走高飞，袁寒云便在离开上海前把这枚邮票卖给了外国人布许。之后，布许又转售给福州人阮景光。三年后，布许又从阮景光手中购回。1932年，布许将此票在上海拍卖，流拍后转售给归国华侨刘子惠。1944年，刘子惠有意出让该票时，外国人得知消息，纷纷高价求购。

1897 年，红印花加盖暂作邮票，8 枚全（《大龙邮票与清代邮史》）

红印花元票（《中国邮政史》）

1897 年，红印花加盖"大清邮政"
邮票，8 枚全（《中国邮政史》）

马任全闻讯与刘子惠联系，说明自己专门收集中国邮票，旨在为中国集邮界争光。一席话情词恳切、感人肺腑，刘子惠便以1000美元转让给马任全。这枚"红印花小字当壹圆"盖八卦戳旧票，全世界仅此一枚，是举世闻名之珍品，堪称国宝，它从发行到转入马任全手中，历时47年，九易其主，饱经沧桑。

1956年7月，马任全把自己一生花重金收集来的6167枚珍贵邮票（包括这枚传世孤品"红印花小字当壹圆"旧票）全部捐献给了上海博物馆。当新闻记者采访他时，马任全回答说："我是炎黄子孙，当年集邮是为了将祖国的文化遗产掌握在中国人民的手中，现在交给政府，是'物归其中'，也是我一生最大的心愿和集邮的最终目的。"对马任全的慷慨义举，除了政府的表彰外，邮电部还特制1000枚《马任全专邮》信封上市发行。邮政部门为集邮家个人特制纪念封，在中国邮政史上还是第一次。

马任全不仅是一位卓有成就的集邮家，而且是一位驰名中外的邮学家。他白天到处奔波收集邮票，夜晚就在灯下阅读国内外集邮书刊，拿起放大镜，对一张张邮票进行端详研究，主要研究邮票、邮政史和邮票的版式。他花费一年时间，把自己的研究成果编写成《国邮手册》，于1944年出

1897年，红印花加盖小字"当壹圆"旧票，传世仅一枚（《中国邮票史》）

版。这本书内容广泛，有国邮年谱、国邮目录、版式图解、中华邮界出版物书目等，记录周详，颇合实用，深受集邮者欢迎。1947年，马任全编辑出版了《马氏国邮图鉴》。这本书有30万字，600多幅插图，对中国历代邮票搜罗无遗，资料翔实，且印刷精美，出版后销售一空，被誉为中国邮坛的空前杰作，华邮最权威的工具书，同时也受到国际邮坛的称赏，因而在欧美等地多次被翻印。马任全也因此成为进入国际邮坛名人录的第一位中国人，享誉世界邮坛。1988年，《马氏国邮图鉴》在冠以《中国邮票图鉴》出版后，即被送至法国举行的世界集邮文献展览会参展。1986年，马任全为了方便外国读者阅读，又着手编写英文本。翌年，马任全在医院查出患有肺癌，但他拒绝开刀，要求用保守疗法治疗，以保证写作，他以生命为代价，在病床上完成了书稿。1988年7月15日，马任全因患肺癌不幸逝世，享年80岁。当《中国邮票图鉴》英文版在美国出版时，马任全已逝世半年了。

七、南极长城站邮局唯一一任局长

1985年2月20日，我国南极长城站落成典礼在大雪纷飞中隆重举行。这标志着我国南极科学考察（简称科考）进入了一个新阶段。同日，在南极的第一个中国邮政局长城站邮局在这里开始营业。考察队员、船员以及其他协助考察人员中的集邮爱好者纷纷购买南极考察纪念信封，并请邮局人员加盖长城站邮局邮戳。许多人将自己写给国内亲人的信件投进邮筒，这些信件将经由上海邮局递送全国各地。同年11月20日，中华人民共和国南极长城站邮局正式对外营业。一个多月内，仅上海就往长城站分发了1600多封信，首批回信大多是递还给本人的纪念封，也有考察队员寄往国内的函件。而在南极圣乔治岛，每个邮包抵达的日子都是考察队员的节日，一封家信有时会引来全队人欣喜地传阅。

上海邮政和南极的渊源由来已久。1984年末，首支南极考察队从黄浦江口踏上征途。三个月后,中国第一个南极科考站落成,长城站邮局同时开业,在八天的运营时间内,三名兼职员工为大量邮品盖上了珍贵的纪念戳。第二次南极科考时,考察队带去了一位真正的绿色使者:上海邮政局的杨金炳,由他主持长城站邮局的工作。

根据1985年邮电部邮政总局的规定,中国南极长城站邮局属于上海市国际邮局互换局的一部分。上海市互换局与中国南极长城站邮局间的航空邮包,由智利邮政中转,开通此邮路后,可办理航空信函和集邮业务。并由邮电部邮政总局委派上海邮政局的杨金炳先生,担任中国南极长城站邮政局局长,确保国内与中国南极长城站之间,在1985年1月15日实现首次航空通邮。中国南极长城站邮局试办期4个月左右,刻制了中英文的邮件,这也是中国在南极第一次设立的具有实质性的邮局。

1985年11月,杨金炳刚到南极长城站,接他的考察队越冬队员首先讲了在南极生活和自救的一些常识。他们说,考察队的交通工具、衣服、房子之所以全是红色,是因为红色在冰雪世界里非常耀眼,便于发生险情时及时发现目标,组织营救;房子悬空1米高,靠几根钢柱支撑,是为了发生雪暴时,便于狂风将雪从房底卷走,否则,不到半天,房子便会被冰雪埋掉;外出必须两人以上同行,带好饮料、巧克力,以备急用……

次日,杨金炳不顾袭人寒气,脱下厚厚的羽绒服,穿上笔挺的墨绿色邮政制服,踏着没膝的积雪,前往智利马尔什站,联系有关通邮事宜。杨金炳见到马尔什站副站长,将来意说明后,副站长露出为难的神情,坚持说经转长城站邮件按国际惯例,应贴智利邮票,然后交智利邮局发出。杨金炳激动地站了起来,因为这关系到一个国家的尊严。他向副站长不失礼貌地阐述了如下理由:"邮票是国家的邮资凭证,有权在其领土范围内使用,长城站是中国的,为什么要贴智利邮票呢?此外,中国邮政总局与智利邮政事先已有协议在案。"副站长还想说些什么,这时,站长海尔曼先生推门而入，在得知杨金炳昨天刚到，今天就来联系通邮事宜时，马上表示："好，照杨先生的意思办！"

在南极，面对深深的冰雪和崎岖的山道，运输邮件有三种工具：水陆两用坦克、橡皮快艇、雪橇摩托。刚使用坦克这种特殊的邮运工具时，杨金炳伤透了脑筋。这种重10吨、拥有400马力的工具一旦发动，浓重的柴油味和剧烈的轰鸣声就使杨金炳头昏目眩，忍不住心烦呕吐，杨金炳只好打开坦克盖，探出头来，可是刚刚探出头，刺骨的南极寒风

杨金炳与友人（左二为杨金炳）（杨金炳提供）

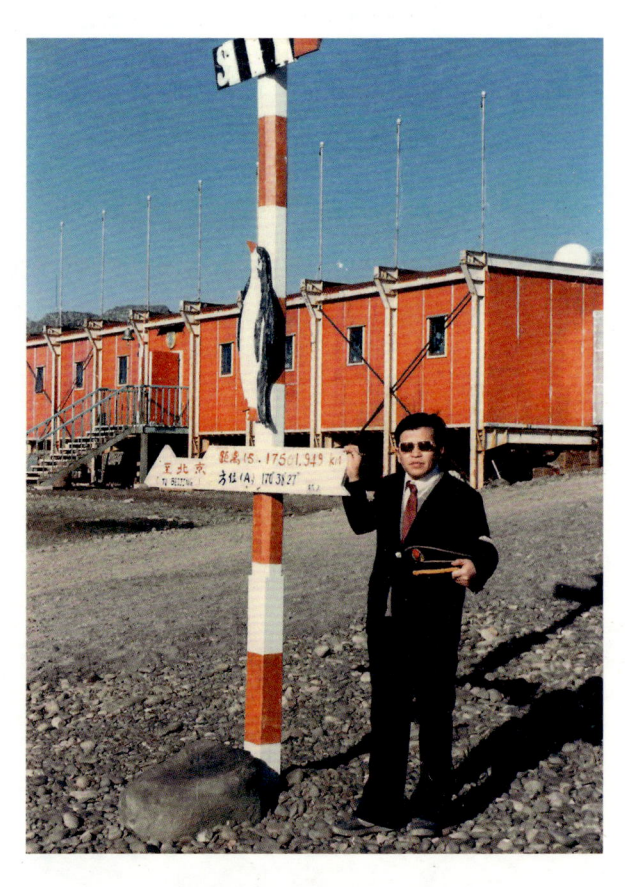

杨金炳在南极（杨金炳提供）

迎面扫过，立刻会感到寒彻骨髓。每年 11 月以后到第二年 3 月以前，南极进入暖季，此时，沿岸渐渐融化，可以不用坦克，改用橡皮快艇送邮件。橡皮快艇虽然舒服多了，但是大海却比岸上更加变化无常，刚才还是风平浪静的海面，瞬间便变得暴戾无比，铺天盖地的海浪扑来，使杨金炳不得不一次又一次饱尝南极海水的苦涩。

1985 年 12 月 27 日，杨金炳将邮件送往马尔什基地，智利空军因为从未遇到过经转邮件总包的事，使邮件在圣地亚哥仓库耽搁了10天，直到我国驻智利大使馆的李武官作了解释后，才交由圣地亚哥邮局，再经美国迈阿密、日本东京，于1986年1月28日到达上海，历时32天，行程2万余公里。这是我国邮政史上第一次自南极长城站邮局发回国内的邮件总包。

加盖日戳，是杨金炳的主要工作之一，在南极的7个月里，他为集邮者加盖了数万个邮戳。这些来自世界各地的信件，有一个共同的愿望：盖一个有"中国南极长城站邮政局"字样的日戳。上海一位集邮者的信封上，有着祖孙三代的签名。北京一位集邮者将9枚牛生肖票、2枚虎生肖票贴在信封上，表示费了"九牛二虎"之力才盖到南极长城站的日戳。一位集邮者别出心裁地用整版长城票制成了一个名为"长城封"的信封，杨金炳不得不小心翼翼地盖了二十多个日戳。

南极寒冷的天气无法捉摸，每天只有六七个小时的日照时间，疯狂的雪暴使人不敢随意外出，智利空军飞机也因此减少了班次。至1986年3月11日，国内已停止收寄寄往南极长城站的邮件，考察队因此决定让杨金炳回国。

八、中国第一位极地邮使

"雪龙"号科学考察船是目前我国唯一的一艘能在极地航行的破冰船。1998年，中国进行第15次南极科考，考虑到船上的船员、考察队员及站上的越冬队员通信不便，1998年7月18日，国家邮政总局批准在"雪龙"号科学考察船上特设邮政支局。该支局由上海邮政投资50万元，隶属于上海浦东新区邮政局，邮政编码为200138。同年11月5日，"'雪龙'号邮政支局"正式开张营业，整个支局仅有一人，即来自上海邮政的颜修荣。

横穿极地，路途遥远，凶险不断，这对邮政支局的支局长人选提出了严格的要求。1998年8月，上海市邮电管理局面向全系统近3万名职工和其他人员实施公开招聘。颜修荣凭借5年北海舰队海军工程潜水员的经历，十分熟悉海洋生活练就的好筋骨，一口较为流利的英语，一张全国计算机统考中级证书的优势，以及对大海无法割舍的情怀，对神秘南极的无限向往，一举中标，出任"雪龙"号邮政支局局长一职。

走进"雪龙"号251室，在面积10多平方米的邮政支局内，电脑、彩电、音响、磅秤、影碟机、放像机、打印机、多媒体邮政查询系统等各种设备一应俱全。墙上赫然挂着一块铜牌，上面分别用中英文刻写着："'雪龙'号邮政支局，地址：中国极地科学考察船——'雪龙'号251室；邮政编码：200138。"该支局令人瞩目地创下多项"全国之最"：中国第一个远洋船邮政支局；中国第一个随船去南极的邮政支局长；中国第一个深入到南极腹地中山站的邮政职工；中国最小的只有一个人的邮政支局。

颜修荣在"雪龙"号邮电支局的业务主要是受理考察队员、工作人员、南极极地用户、归船途中停靠港口的用户寄往国内的平函业务以及出售各类邮品。由于远洋轮是流动的国土，所以无论船行至世界何地，发信永远是国内邮资，其发信方式是船只停靠外港的时候，将邮件统一打成总邮包，先寄到上海邮政局，然后再进行分发。

"雪龙"号邮政支局成了考察队员和工作人员光顾的好场所，因为这里的邮品丰富多彩、弥足珍贵，信函处理迅速。国家信息产业部特发行"中国极地科学考察船——'雪龙'号邮政支局"成立纪念邮资明信片，上海浦东新区邮政局专门制作启航、归航封各5万枚；且每个封上的出发地"上海高桥邮局"收寄戳、"雪龙"号起航戳、南极落地戳、中山站纪念戳、抵达地邮局日戳一个不漏。启航当天，颜修荣卖出1万多元的邮品。此次南极行，颜修荣共受理国内信函986件，国际信函39件。在搞好正常邮事的同时，颜修荣还创意地制作极富特色的思念封、南极系列封、签名封、赤道封等。

更难能可贵的是，"雪龙"号邮政支局进行了国际邮政

颜修荣在"'雪龙'号邮政支局"盖邮戳（颜修荣提供）

交流。在南极行的来回途中，"雪龙"号停靠澳大利亚弗里曼特、霍巴特和新加坡港，颜修荣一一拜访了上述各港口的邮局，互相交流学习。在弗里曼特港口邮局，颜修荣委托对方邮寄了500多封国内外信函，并应邀参观弗里曼特邮局，在颜修荣眼里，弗里曼特邮局就像个超市，除邮品外，还供应贺年片、笔类、胶卷等文化用品。第二天，该局行政主管比尔·考斯特回访"雪龙"号邮政支局，送了一批邮品和宣传资料给支局；颜修荣向客人介绍了中国邮政这几年的改革开放情况。在南极时，颜修荣以行政人员的身份，先后拜访俄罗斯进步站和澳大利亚戴维斯站邮局，同时也邀请他们来"雪龙"号邮政支局做客，在交流中，双方交换了邮品，加强了国际间的邮政交往，使中国邮政在极地产生了较大影响。

1999年7月1日，"雪龙"号邮政支局随船去北极，这是世界上第一个远洋船邮政支局进驻北极，颜修荣也成了中国邮政史上第一个在一年之内到达两极的人。北极虽然没有科学考察站，但"雪龙"号船上的队员和船员仍然可以通过支局寄发信函。颜修荣北极之行的任务主要有两个：一是出售带来的启航封和归航封，包括这次首征北极的10000套和第15次远征南极的500套；二是销售中国集邮总公司专门出品的一套两枚的特种纪念封及其他品种。所有这些珍贵的邮品，都要由他在到达北极后盖上邮戳。为进一步营造集邮的浓浓氛围，颜修荣在251室特意布置了邮票展示栏，陈列了多种南北极邮品，在墙的另一面张贴了"邮品出售价目表"。在考察队正式任命副队长颜其德为邮局名誉支局长后，颜修荣又聘任"雪龙"号政委李远忠和考察队员卢宇忠为邮局名誉职工，并向他们三人颁发了证书和工作制服。

作为中国首次北极科学考察队的一员，颜修荣现场加工制作各类富有特色的精致思念封、极地系列封、签名封、人像照片影印封等。在124名中国首次北极科学考察队队员中，有19名队员参加过中国首次南极考察，这些队员各获得一枚特制的纪念封。这枚极其珍贵的"中国首次北极科学考察纪念封"正面的左侧是邮票式图案，由中国首次南北极

颜修荣在北极（颜修荣提供）

科学考察队队徽以及15年前的"向阳红10"号考察船和现在的"雪龙"号等组成,背面是19位考察队员的合影彩照和一段制作纪念封的文字说明。此封共制作20枚,另一枚存放在"极地科普馆"。在中国首次北极考察队中,除内地队员支局外,韩国、日本、俄罗斯和我国台湾、香港的5位科考队员也随船参加了这次考察。颜修荣特别关照,倾心服务。他以北极风光为背景、亲友照片为衬托,为台湾著名海洋大气科学家张瑞刚制作了一张特殊纪念封。香港著名摄影家、探险家李乐诗已三赴南极、六赴北极、一赴青藏高原,颜修荣将她和香港特别行政区行政长官董建华的合影照片和相关介绍精心制作在北极纪念封上,送给她。他在日本国立极地研究所的副教授东久美子生日那天,送给她一枚"极地生日封",并把中日队员笑逐颜开的场面印在了纪念封上,还用中英文写上真诚的贺词:"祝您生日快乐!"

九、《上海浦东》邮票发行成功

1996年9月21日,上海市邮电管理局、浦东新区管委会在浦东新区汤臣大酒店联合举行了《上海浦东》邮票首发仪式。邮电部副部长刘立清、上海市副市长赵启正、市委宣传部部长金炳华、市人大常委会主任叶公琦等领导,以及本市各有关单位、新闻机构的领导共460余人参加了首发仪式。市长徐匡迪为《上海浦东》邮票首发纪念题词:"加快浦东开发、开放,服务全国面向世界。"

1995年4月,浦东开发迎来第五个年头。原来黄浦江之东的小片旧城区加上大片农田,发生天翻地覆的变化,一个现代化新城区正在崛起。浦东新区领导提出能否为浦东题材出一套邮票的申请,以通过"国家名片"来扩大浦东对外宣传的影响。经过一系列沟通,最后由市政府行文向国家邮电部正式提出申请,得到重视。邮电部将浦东题材列入了1996年的计划,给了一套六枚的待遇,还同意配发一枚小型张,这充分反映出邮电部对浦东这一题材的国家战略地位的考虑。

1994年3月，上海市邮电管理局首次向全社会公开征集上海题材特种邮票的选题。上海和各地群众热情支持，纷纷来电来函，上海市邮电管理局从近万封信中梳理出50多项热门题材，其中上海浦东、上海外滩、东方明珠、南浦大桥、南京路商业街、上海豫园等题材相对比较集中。后经上海各方面领导、专家、学者组成的邮票题材评审委员会专门评审，《上海浦东》题材不负众望，名列榜首。

但当时浦东尚在初建阶段，标志性建筑和风景不多，邮票图稿的设计是个难题。为了将图稿赶送到邮电部进行初审，1994年4月30日，上海市集邮总公司经理冯永祥打电话给李斌（东亚运动会邮票的设计者），请他五一劳动节三天节假日赶画稿件。为了在图稿上集思广益，还特地向林霏开（上海《联合时报》社长、总编、著名集邮家）借来捷克的小型张邮票和布达佩斯风光邮票作设计时的参考。

为使《上海浦东》邮票的图稿更具代表性，同年10月，由上海和外省市美术人士参加的《上海浦东》特种邮票征求设计图稿开始评比，《解放日报》社主任、美编张安朴，上海印钞厂高级工艺美术师李斌等三人的设计图稿技压群芳，脱颖而出，初选入围。这些设计者用版画、水彩、水粉和喷绘等艺术创作手法，表现了上海浦东开发的壮丽景色，并第一次以三连票的形式展现上海浦东全景，为社会主义建设题材邮票的创作拓宽了思路。

《上海浦东》邮票图稿上报后，邮电部经过认真的审阅，提出邮票图稿必须符合印刷邮票的固有规律。于是，决定重新修改，但经过一年多的反复修改，数易其稿，仍然达不到预期的效果。

为了加强《上海浦东》邮票的设计力量，邀请了三位均出生于上海的专家，组成实力雄厚的创作集体。一位是李斌，上海印钞厂的中国著名货币和邮票设计家、雕刻家；一位是杨顺泰，上海理工大学艺术设计学院艺术设计系主任、教授，既是著名画家又是邮票设计家，他的水彩画《不能让

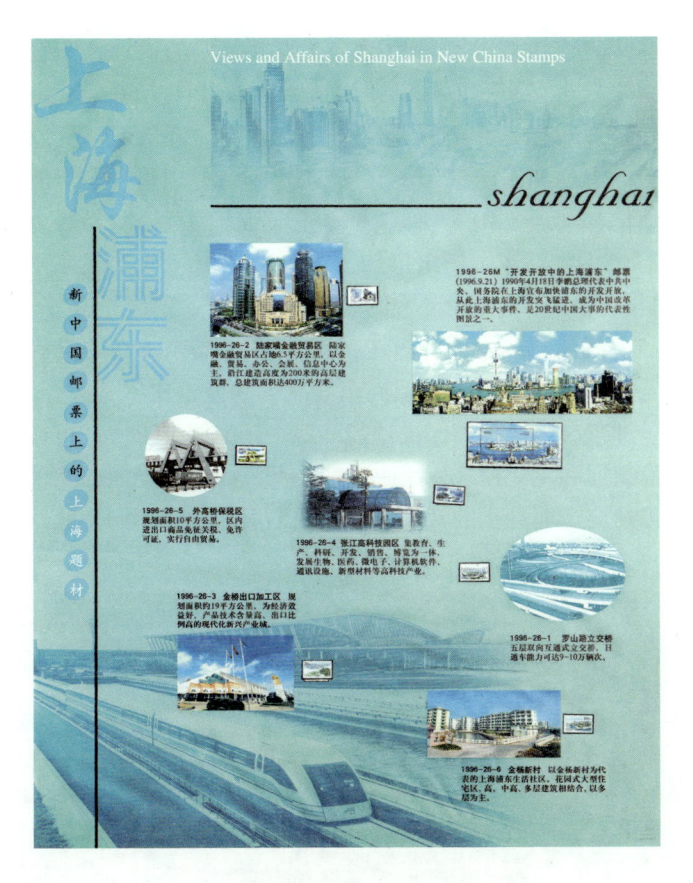

《上海浦东》邮票展示（朱梦周摄）

他缺课》被美国前总统尼克松购藏；还有一位是张安朴，《解放日报》美术编辑部主任，资深的美术家。国家邮票印刷局美术编辑、邮票设计家陈晓聪专程来沪，对这套邮票的设计提出了很多宝贵的修改意见。副市长赵启正多次听取方案设计的汇报，不仅提出总体修改意见，还就一些细节提出具体意见，比如提出张江高科技园区那枚邮票设计要加上光缆的图案，以体现高科技和增加动感。邮电部副部长刘平源对《上海浦东》邮票的设计倾注了莫大的关心，并指示这套邮票在设计和印刷等方面，可以特事特办。

经过多次修改，最后确定了整套邮票的设计。全套邮票由1枚小型张和6枚邮票组成，面值共计7.60元，由上海印钞厂承印。小型张是以黄浦江两岸为背景的"开发开放中的上海浦东（500分）"；六枚邮票分别是"上海浦东的通信和交通（10分）""上海浦东陆家嘴金融贸易区（20分）""上海浦东金桥出口加工区（20分）""上海浦东张江高科技园区（50分）""上海浦东外高桥保税区（60分）"和"上海浦东的生活社区（100分）"。浦东邮票的设计不同凡响。内容上，突出了浦东开发的功能，比如具有金融、出口加工、高科技和保税功能的四个国家级开发区，再加上通信交通和生活社区，反映出浦东开发是多功能的开发，是要求社会全面进步的开发。在邮票的版式上，不同一般，常

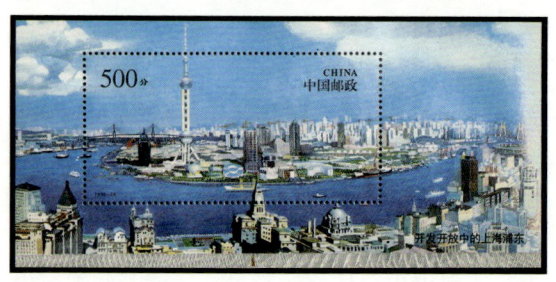

"开发开放中的上海浦东"邮票
1990年4月18日，李鹏总理代表中共中央、国务院在上海宣布加快浦东的开发开放，从此上海浦东的开发突飞猛进，成为中国改革开放的重大事件，是20世纪中国大事的代表性图景之一（朱梦周摄）

"罗山路立交桥"邮票

五层双向互通式立交桥,日通车能力可达9万—10万辆次(朱梦周摄)

"陆家嘴金融贸易区"邮票

陆家嘴金融贸易区占地6.5平方公里,以金融、贸易、办公、会展、信息中心为主,沿江建造高度为200米的高层建筑群,总建筑面积达400万平方米(朱梦周摄)

第五章　　　　　　　　　　在城市更新中　　211

"金桥出口加工区"邮票
规划面积约19平方公里,为经济效益好、产品技术含量高、出口比例高的现代化新兴产业城(朱梦周摄)

"张江高科技园区"邮票
集教育、生产、科研、开发、销售、博览为一体,发展生物、医药、微电子、计算机软件、通信设施、新型材料等高科技产业(朱梦周摄)

"外高桥保税区"邮票

规划面积 10 平方公里，区内进出口商品免征关税、免许可证，实行自由贸易（朱梦周摄）

"金杨新村"邮票

以金杨新村为代表的上海浦东生活社区。花园式大型住宅区，高、中高、多层建筑相结合，以多层为主（朱梦周摄）

见的邮票采用胶印或影写，而《上海浦东》邮票采用雕印、胶印相结合的工艺，主景采用雕刻版，背景采用胶印版。同时，设计师还采用"以点带面、散点透视"的设计，使邮票图案具有更强的纵深感，既有精度，又有广度。在制作工艺上，也有许多新的突破。由于高难度的设计，上海印钞厂在开印时还产生了不少废样，后来，经过厂里技术人员反复的研究试验，终于顺利地高质量地完成了这项光荣的任务。

由于题材好，设计好，印刷质量一流，《上海浦东》邮票在全国引起轰动，这套志号为"1996-26"的特种邮票——《上海浦东》被评为1996年度最佳邮票。社会上也掀起了一股《上海浦东》邮票热，那枚小型张"开发开放中的上海浦东"更是被炒到27元一枚。一些有关《上海浦东》的邮品也相继出现，仅发行纪念册就有三种，一种是浦东新区管委会和上海邮电管理局联合发行的纪念册，因封面是金黄色的，俗称"金册"，里面有邮票、首日封、纪念张等；一种是上海市集邮总公司发行的纪念册，分大全册和专题册两款；还有一种是浦东邮政局发行的纪念册，也配了照片和邮票。此外，还有浦东邮政局发行的《上海浦东》邮票磁卡册，《上海浦东》邮票集邮护照，以及上海集邮总公司发行的金箔、银箔票纪念册等。

十、美国八旬"女孩"卓娅与上海邮政的感人情缘

2006年4月24日，年近八旬的美国友人卓娅在时隔60多年后，应邀重游邮政大楼，回到了"邮政老家"。

这是一位古稀老人与一幢有着近百年历史的优秀近代建筑之间的故事。卓娅1929年生于沈阳，母亲是苏联人，父亲是立陶宛人。父亲为中华邮政机械工程师，先后在沈阳、南京工作，1934年调任上海邮政总局工作，卓娅便跟随父母一起来到上海，一直到1948年，整整14年，而她的上海老家就在邮政大楼四楼。卓娅在这幢大楼里度过了美好的童年和少年时代，并在离邮局不远的北虹中学（原圣芳济

学院)上学,认识了很多中国小朋友。"当时上海处于战乱,但我没有受到欺负,过着舒适的生活。这要感谢邮政,感谢我父亲有一份好工作。"卓娅动情地说。"二战"期间,坚固的邮政大楼好比一座避风港,庇护着卓娅受惊吓的心灵……

2002年11月,已在美国生活多年的卓娅在拉斯维加斯遇到来自上海的游客古先生,她再三嘱托古先生帮她打听邮政大楼的情况。在古先生的牵线搭桥下,卓娅把珍藏多年的她当年与邮政大楼的珍贵照片、明信片和素描画等寄回上海邮政局,为老楼修缮提供了宝贵的资料。当老人得知上海邮政博物馆筹建的消息之后,又将自己收藏多年、中国邮票史上唯一一张以上海邮政大楼为邮票图案的《中华邮政开办四十周年纪念》珍贵邮票(1936年发行)寄给上海邮政博物馆作展品用。2004年,北虹中学130周年校庆之际,卓娅老人回到上海。当时,邮政大楼正在大修,卓娅表示等邮政大楼修缮后,一定要再回来看看。

卓娅对中国、对上海怀有深厚的感情,尽管现在生活在大洋彼岸,但中国上海是她难以割舍的第二故乡。年近八旬的卓娅重新来到儿时玩耍的邮政大楼顶层花园上,环顾四周景象,既看到了外白渡桥、新亚大酒店、四川路桥等老建筑物,又看到了东方明珠、金茂大厦等新景观,她连声赞叹道:"上海建设得真好,比当年更漂亮了!"卓娅特意爬上大楼屋顶上老虎窗的斜坡,在60多年前常留足的那块小平台上端坐了许久,重拾童年和青少年时期的美好记忆,还站在原来拍过照的老位置上拍了许多照片。

经过大楼长长的走廊,地上铺的瓷砖仍是旧时模样;宽敞明亮的屋子尽管已经改建成了办公室,可卓娅仍能回忆起居家过日子的场景。老人说,在美国,她经常跟朋友提起儿时在一座邮局里住过十几年的传奇经历,还经常向他们介绍那座邮局是多么华丽精美,自己就好比一位生活在宫殿里的公主。当卓娅看到重新焕发"年轻"风采的邮政大楼时,她一脸幸福地说:"我又有了公主的感觉……"

4月30日,卓娅又来到上海邮政大楼,这次不止她一人。这也是巧了,24日新闻播出的时候,有位老人看到卓娅手里拿着的照片,那两个中国孩子就是自己的大姐大哥孙桂英和孙绪荣姐弟俩。老照片上,邮政大楼钟楼前合影的孩子就是卓娅和孙桂英、孙绪荣姐弟俩。拍下这张照片后不久,卓娅全家就离开上海前往美国定居,孙桂英去了福州,孙绪荣到了新疆,三个儿时伙伴从此天各一方。新闻播出的当天,孙家的小妹孙瑜一眼就认出了这些老照片。得知当年的卓娅大姐回国省亲的消息,腿脚不便的姐姐孙桂英委托女儿从镇江赶来,而大哥孙绪荣则马上买好机票直飞上海。邮政大楼的屋顶,当年曾是卓娅和孙家姐弟游玩戏耍的地方;如今60年过去了,大楼依旧,在同样的背景前再一次合影,两位老朋友不禁感慨世事变迁、友谊长存。

在沪期间,短短的一个星期,卓娅怀着深深的感情、激动的心情,先后三次来到邮政大楼,并在媒体和邮政的帮助下,与阔别60年的儿时伙伴孙绪荣一家团聚,讲述了在邮政大楼内发生的许多鲜为人知的故事。临别时分,大家依依不舍,互相祝福,给邮政博物馆增添了浓浓的人文情怀。

外籍邮政员工的女儿、美国人卓娅和小朋友在大楼楼顶
(上海邮政博物馆提供)

注 释

1. 俞岚：《邮政大楼首次按文物实施修缮》，中国邮政文史中心、上海市邮政公司编：《从邮谈往（上海卷）》，北京燕山出版社2013年版，第497—503页。
2. 1876年夏，中英间就马嘉理事件（英法等国在打开中国沿海门户及长江后，又想打开内陆的"后门"，从19世纪60年代起，不断探测从缅甸、越南进入云南的通路。1874年，英国再次派出以柏郎上校为首的探路队，探查缅滇陆路交通。英国驻华公使派出翻译马嘉理南下迎接。1875年1月，马嘉理到缅甸八莫与柏郎会合后，向云南边境进发。2月21日，在云南腾越地区的蛮允附近与当地的少数民族发生冲突，马嘉理与数名随行人员被打死）在烟台最后交涉前后，围绕国家邮政制度的创建，赫德在总理衙门、李鸿章、英使威妥玛之间竭力游说。"送信官局"的提议没有被正式列入《烟台条约》，导致赫德借助条约外力，一步到位推动国家邮政制度创建的设想落空。
3. 中华人民共和国信息产业部、《中国邮票史》编审委员会编：《中国邮票史》第1卷，商务印书馆1999年版，第147页。
4. 中华人民共和国信息产业部、《中国邮票史》编审委员会编：《中国邮票史》第1卷，商务印书馆1999年版，第153页。
5. 中华人民共和国信息产业部、《中国邮票史》编审委员会编：《中国邮票史》第1卷，商务印书馆1999年版，第157页。
6. 上海通社：《上海研究资料》，中华书局1936年版，第371—372页。
7. 墨丘利（Mercury）是罗马神话中为众神传递信件并兼管商业、道路等的神。
8. 中华人民共和国信息产业部、《中国邮票史》编审委员会编：《中国邮票史》第2卷，商务印书馆2004年版，第122页。

附录一 大事记

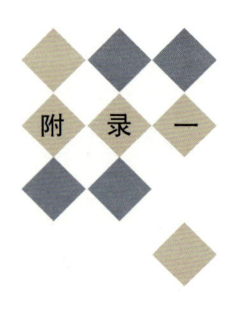

1861 年
大英书信馆、法国书信馆在上海开办。随后,各国相继在华开办"客邮"。

1863 年 7 月
上海英租界工部局设立工部局书信馆,为在沪外国人寄递邮件。

1865 年
公共租界工部局设"上海书信局",正式办理本地的信件递送,自印邮票、明信片。

1866 年冬
上海海关开始办理上海、天津、北京间冬季邮运。包括海关本身、使领馆、同文馆邮件。

1867 年 3 月 4 日
赫德发布《邮政通告》,办理京、津、沪间往返邮件和自欧美发来的邮件。

1878 年 3 月 9 日
赫德派德璀琳以天津为中心,在天津、北京、牛庄(营口)、烟台、上海五处海关试办邮政,成立海关邮务办事处。

1878 年 7 月 29 日
天津海关收到上海造册处发出的大龙邮票(面值 3 分、

5分银）。

1879年6月13日
上海《申报》登出一则外国人"收买信封老人头"的广告。

1896年3月20日
清政府正式批准开办国家邮政。

1897年
大清邮政局在上海正式成立，赫德为总邮政司。

1907年11月4日
上海邮政总局租用英国怡和洋行建造在北京路9号的"新厦"（今北京东路、四川中路东北转角处）。

1911年
清朝成立邮传部，邮政与海关分开。

1914年3月1日
中国加入万国邮政联盟。上海邮政总局被指定为国际互换局。

1922年2月1日
华盛顿会议通过"撤销客邮案"，决定不迟于1923年1月1日前撤销。

1922年
邮政大楼选址在四川北路北堍。施工建造由余洪记营造厂总承包,大楼的土建工程、电气工程和钟楼两旁的雕像等,分别由孙福记营造厂、美电洋行、美术工艺公司承包建造。1924年11月,大楼竣工。大楼占地面积6500平方米,建筑面积2.53万平方米,钢筋混凝土框架结构,地价和造价总共320万银元。12月1日,已迁入大楼的上海邮务管理局正式办公并对外营业。这幢大楼被称为"SHANGHAI DISTRICT HEADPOST OFFICE",译为"上海邮政总局"。

1922年

上海邮局发动了第一次罢工。

1924年8月

共产党员蔡炳南、顾治本和沈孟先组成上海邮局第一个中共小组。次年春成立中共上海邮局支部,蔡炳南任支部书记。

1924年8月17日

邮局职工1500余人要求成立工会并改善待遇,在党支部领导下举行罢工。19日,邮局当局同意成立邮务公会(即工会)和加发职工的埠际津贴。20日,第一届上海邮务公会成立,产生25人的执行委员会(其中中共党员7人),王荃当选为委员长,蔡炳南当选为副委员长。公会成立后,即制订公会章程。

1931年8月1日

上海邮工童子军成立,团址设在靶子路(今武进路)534弄9号,创办人朱学范,担任训练部长。

1932年2月

"一·二八"淞沪会战爆发后,邮局职工和各业职工纷纷捐款捐物,支援十九路军抗日。邮局成立"邮工抗日救护队",由邮工50余人组成,以朱学范为队长,上前线运送药品报纸和救护伤兵。

1932年3月3日

四名上海邮工童子军从嘉定回上海执行联络任务时,潘家吉、陆春华、陈祖德三名队员不幸被日军杀害。

1932年10月16日，举行邮工烈士追悼会，表达人们对烈士的深切怀念。

1932年5月22日

上海邮务工会和上海邮务职工会发动上海邮局职工举行罢工，提出裁撤储金汇业局、停止津贴航空公司、维持邮政用人制度，邮政经济专养邮政四项条件。

1937年8月

上海邮政管理局迁至愚园路157号临时办公处办公，管理局各部门酌留少量员工驻守邮政大楼，直至1938年3月5日，才得以迁回邮政大楼办公。

1937年8月

上海邮政有员工3582人，至1945年9月，仅有2738人，另有281人（不含暂拨上海管辖的厦门局员工）留资停薪在家，占职工比率几近十分之一。

1938年5月

上海邮政职工成立护邮运动促进会，发表《上海邮局员工反对接收易帜，响应海关宣言》和《上海邮工护邮六大纲领》，提出拒绝接收、保障生计、统一领导、制裁邮奸等主张。

1938年

邮局地下党负责人周清泉受新文字研究会负责人、地下党员汤纪鸿委托，租用了1741号邮政信箱，作为秘密通信之用。

1939年2月

上海设置汪伪交通部邮政总局驻沪办事处，日本人开始涌入邮局，操纵了邮局的业务。3月2日，上海邮政管理局法籍局长乍配林下达局谕，将65名邮务员调往湘、桂、黔等地工作，其中不乏互助社骨干及社员。

1944年3月29日、6月22日

上海邮局职工先后两次发动"无头斗争"（即有组织领导、无组织形式的斗争）。

1946年11—12月

在沪宁线、沪杭线铁路快车上设立火车行动邮局。

1946年底伊始

国民党政府交通部长俞大维发动"改良邮政"运动。

1948年8月

全国第六次劳动代表大会在哈尔滨召开,大会选举朱学范为中华全国总工会副主席,李家齐当选为中华全国总工会候补执委。

1949年2月

为迎接上海解放,开展护局工作,根据中共邮电委员会决定,邮局党总支以积极分子和党员为对象,建立秘密外围组织"邮电员工联合会"(简称"邮电联"),作为上海市工人协会的一个分支,开展护局活动,共发展成员200余人。

1949年5月16日

上海邮局使用新发行的四种"单位邮票"和三种"基数邮票",此类邮票不标明面值,可以根据物价的飚升,随时随地确定相应的面值。

1949年5月25—26日

中共邮局总支委员陈家珍等一批党员、邮电联成员和职工群众以及王裕光、王震百等200余人留守邮政大楼,配合人民解放军,向盘踞楼内的国民党军队一营200余人进行劝降,保护局产不受破坏,取得成功。

1949年5月27日

上海全市解放的当天,正式宣布中国人民解放军上海市军事管制委员会成立。5月28日,由陈艺先主持华东邮政管理总局,上海邮政管理局隶属该局领导。

1949年6月初

在上海总工会筹备委员会领导下,上海邮局筹建工会,至11月,相继正式成立上海邮政工会。

1949年11月1日

中华人民共和国邮电部成立。

1949年11月

华东邮政管理总局任命陈艺先为上海邮政管理局局长，王裕光为副局长。

1950年4月25日

上海邮局与《解放日报》就报刊由邮局发行问题签订合约，邮局的陈艺先、荣健生和报社的恽逸群、夏其言在合约上签字。5月1日，《解放日报》《劳动报》《青年报》分别根据协议交邮局发行。

1950年9月1日

《展望》周刊成为第一个由上海邮局发行的期刊。

1953年1月

原由上海新华书店发行的各种杂志统归邮局发行，至此，上海邮局"邮发合一"任务圆满完成。

1956年7月

马任全把自己一生花重金收集来的6167枚珍贵邮票（包括传世孤品"红印花小字当壹圆"旧票）全部捐献给了上海博物馆。邮电部特制1000枚《马任全专邮》信封上市发行。邮政部门为集邮家个人特制纪念封，这在中国邮政史上是第一次。

1959年

在北京举行的第一届全国运动会中，曾为上海邮政职工的王传耀获得男子单打冠军。在1960年和1961年的全国优秀运动员比赛中，王传耀均获男子单打冠军。

1960年

卢湾区建立第一个自动化实验邮电局。

1972年4月13日

万国邮联通过决议，承认中华人民共和国政府代表中国为万国邮联的合法代表。

1984年6月

朱学范应上海市市长汪道涵的邀请，到上海指导邮电通信建设，制订邮电发展规划。他经过调查研究后，草拟了《关于加强上海邮电通信建设缓和通信紧张状况的汇报提纲》，提出邮电建设要适度超前于国民经济的发展速度。

1985年

北苏州路邮政大楼的边门开了第一个特快邮件收寄窗口，并为特快专递业务配备了两辆幸福牌125轻骑摩托和四辆铃木车。

1985年11月20日

中华人民共和国南极长城站邮局正式对外营业。一个多月内，仅上海就往长城站分发了1600多封信。杨金炳是南极长城站唯一一任局长。至1986年3月11日，国内停止收寄寄往南极长城站的邮件。

1986年2月

上海邮政先在南市和静安两个支局试办邮政储蓄业务，先后开办定期和活期两类储蓄。6月，在各支局全面铺开。7月，又成立了上海邮政储汇局，负责邮政金融业务的经营管理。

1996年9月21日

上海市邮电管理局、浦东新区管委会在浦东新区汤臣大酒店联合举行《上海浦东》邮票首发仪式。《上海浦东》被评为1996年度最佳邮票。

1998年7月18日

国家邮政总局批准在"雪龙"号科学考察船上特设邮政支局。同年11月5日，"'雪龙'号邮政支局"正式开张营业，局长是来自上海邮政的颜修荣。该支局创下多项"全国之最"：中国第一个远洋船邮政支局；中国第一个随船去南极的邮政支局长；中国第一个深入到南极腹地中山站的邮政职工；中国最小的只有一个人的邮政支局。

1999年1月1日

新组建的上海市邮政局挂牌独立运作。

1999年7月1日

"雪龙"号邮政支局随船去北极，这是世界上第一个远洋船邮政支局进驻北极，颜修荣也成了中国邮政史上第一个在一年之内到达两极的人。

2005年1月
上海邮政大楼实行文物级修缮。

2006年1月1日
上海邮政博物馆开馆，也是上海市第100家博物馆。

2006年4月24日
年近八旬的美国友人卓娅在时隔60多年后，应邀重游邮政大楼，回到了"邮政老家"。

2007年
上海邮政博物馆获得第七届（2005—2006年度）全国博物馆十大陈列展览"最佳新材料新技术奖"。

附录二

上海解放前上海邮电历任主管人员一览表

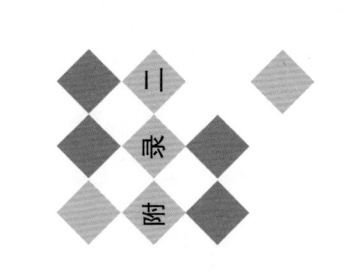

机构名称	职务	姓名	任期
上海大清邮政局	税务司兼邮政司	雷乐石（Ls.Rocher 法国籍）	1897年2月2日—1899年2月14日
上海邮政总局	兼职邮政司	雷乐石（Ls.Rocher 法国籍）	1899年2月15日—1900年4月19日
	兼职邮政司	史纳机（J.F.Schoenicke 德国籍）	1900年4月19日—1900年5月16日

机构名称	职务	姓名	任期
上海邮政总局	兼职邮政司	安格联（F.A.Aglen 英国籍）	1900年5月16日—1901年4月10日
	兼职邮政司	好博逊（H.E.Hobson 英国籍）	1901年4月10日—1902年8月1日
	兼职邮政司	薄禄多（H.J.VonBrockdorff 德国籍）	1902年8月1日—1903年3月
	兼职邮政司	邓罗（C.H.Brewitt Taylor 英国籍）	1903年3月—1905年11月24日
	邮政司	嘉兰贝（ComtedeCalembert 法国籍）	1905年11月24日—1907年5月6日
	代邮政司	戴乐尔（F.E.Taylor 英国籍）	1907年5月6日—1907年12月6日
	署理邮政司	克立基（E.Gilchrist 美国籍）	1907年12月6日—1908年10月23日
	邮政司	李蔚良（W.G.Lay 英国籍）	1908年10月23日—1910年9月30日
	邮政司	多福森（E.Tollefsen 挪威籍）	1910年9月30日—1911年6月27日
	邮政司	多福森（E.Tollefsen 挪威籍）	1911年6月28日—1911年7月5日
上海邮政局	邮务总办	多福森（E.Tollefsen 挪威籍）	1911年7月5日—1913年3月31日
	邮务总办	多诺芬（J.P.Donovan 英国籍）	1913年3月31日—1913年10月31日

机构名称	职务	姓名	任期
上海邮政局	邮务总办	鲁士（J.M.C.Rousse 法国籍）	1913年10月31日—1913年11月23日
	邮务长	鲁士（J.M.C.Rousse 法国籍）	1913年11月24日—1917年10月25日
	邮务长	李齐（W.W.Ritchie 英国籍）	1917年10月25日—1920年5月7日
	代邮务长	西密司（F.L.Smith 英国籍）	1920年5月7日—1920年7月7日
上海邮务管理局	邮务长	希乐思（C.H.Shields 英国籍）	1920年7月7日—1923年12月1日
	邮务长	多福森（E.Tollefsen 挪威籍）	1923年12月1日—1926年11月1日
	邮务长	希乐思（C.H.Shields 英国籍）	1926年11月1日—1928年7月1日
	邮务长	聂克逊（P.A.Nixon 英国籍）	1928年7月1日—1928年11月8日
	邮务长	李齐（W.W.Ruhre 英国籍）	1928年11月8日—1931年2月10日
	邮务长	伍配林（A.M.Chapelain 法国籍）	1931年2月—1943年6月
上海邮政管理局	邮务长	伍配林（A.M.Chapelain 法国籍）	1931年9月—1936年5月
	局长	伍配林（A.M.Chapelain 法国籍）	1936年6月—1943年6月

机构名称	职务	姓名	任期
上海邮政管理局	局长	王伟生	1943年6月—1945年9月
	局长	李进禄	1945年9月—1949年3月
	代局长	王裕光	1949年3月—1949年5月

参考文献

《申报》(1922—1947年)。

中华人民共和国信息产业部、《中国邮票史》编审委员会编:《中国邮票史》第1卷,商务印书馆1999年版。

叶美兰著:《中国邮政通史》,商务印书馆2017年版。

中华人民共和国邮电部编:《中国邮政100年》,人民邮电出版社1996年版。

朱勇坤著:《上海集邮文献史(1872—1949)》,上海文化出版社2018年版。

中国邮政文史中心、上海市邮政公司编:《从邮谈往(上海卷)》,北京燕山出版社2013年版。

中共上海市邮电管理局委员会编:《上海邮政职工运动史》,中共党史出版社1999年版。

上海工人运动史料委员会编:《上海邮政职工运动史料(第一辑)》(1922—1937),1986年5月。

上海邮电年鉴编审委员会编:《上海邮电年鉴1999》,上海社会科学院出版社1999年版。

娄承浩、薛顺生编著:《上海百年建筑师和营造师》,同济大学出版社2011年版。

伍江著:《上海百年建筑史:1840—1949》,同济大学出版社2008年版。

后记

2020年4月份，接到导师熊月之先生的电话，问我是否愿意参加由他主编的"爱上北外滩"丛书的其中一本《上海邮政大楼》，我受宠若惊，诚惶诚恐地答应下来。5月20日，在上海邮政博物馆二楼召开"爱上北外滩"丛书启动仪式，作者和学林出版社的编辑首次见面。

6月中旬，在虹口区档案局（馆）开会，确定9月底交初稿、年底出版的时间，我开始焦虑，忐忑不安，因为8月底我要为另一出版社交出45万字的大事记，时间非常紧迫，而且我对邮政大楼的资料不太熟悉。开完会后，我开始在知网、读秀上积极找材料，到上海图书馆借书，到上海档案馆查阅资料。并多次到邮政大楼实地考查，咨询邮政大楼工作人员。一个多月的准备工作后，8月初开始着手写作，9月6日，交出9.6万字的初稿。10月后，在熊老师悉心修改和邮政博物馆领导提建议的基础上，再次修改，有了此书的模样。

本书在收资、写作、编辑过程中，得到不少师友的相助。感谢我的导师熊月之先生邀请我参加丛书写作，他从制定方案、拟定框架到最后定稿，付出了辛勤劳动。感谢邮政博物馆的耿忠平先生，他在提供资料、图片，把我的提纲、初稿给邮政博物馆的相关领导人审阅等方面，不遗余力。感谢中国邮政集团公司上海市分公司副总经理、上海邮政博物馆馆长黄来芳，原上海邮政博物馆副馆长秦国敏，上海邮政档案（博物）馆周帆、焦磊、陆怡琼、王辉、于德俊等的支持。感谢虹口区地方志办公室、虹口区档案馆的陆健先生、冯谷兰女士、黄萍女士、万俊先生为我提供的热情帮助和支持。感谢陈芬女士、王敏女士在英文资料方面提供的帮助。感谢学林出版社的楼岚岚女士、胡雅君女士等为本书的最终出版付出辛勤的劳动。感谢我们这个撰稿团队的互帮互助，叶舟先生、彭晓亮先生、肖可霄先生，在交流信息、查询资料等方面，毫无保留地予以协助。感谢我的同事，当代上海研究所分管领导生键红女士、所长宋仲琤先生、张莉女士、侍颐女士、谢琼妮女士、朱晓峰先生、张健先生等，和谐的团队为我提供了精神上的帮助。感谢上海邮政博物馆、秦战先生、朱梦周先生、杨金炳先生、颜修荣先生为本书提供的精彩图片。

感谢我的父母，给了我健康的身体，让我有体力完成这本书。感谢我的女儿张涵玢，谢谢你的成熟和懂事，让我在书稿写作过程中少了很多后顾之忧。也许你是同龄人中最不让大人操心的，无论学习还是生活。你像一棵顽强的小草，给点阳光雨露足矣，默默生长着，不急不躁。

2020年，时间似乎特别漫长，又仿佛特别快。日月匆匆，这一年，我们都经历了太多。所有的努力都是自己的选择，所有的荣耀和耻辱、成长和眼泪都由自己来承担。无论悲喜与结果，最真的是当初的那颗心。风雨辗转千万里，莫问成败重几许。

黄　婷

图书在版编目(CIP)数据

上海邮政大楼/黄婷著.—上海:学林出版社,
2021
("爱上北外滩"系列/熊月之主编)
ISBN 978-7-5486-1713-6

Ⅰ.①上… Ⅱ.①黄… Ⅲ.①邮政大楼—介绍—上海 Ⅳ.①K928.8

中国版本图书馆 CIP 数据核字(2020)第 250582 号

责任编辑 胡雅君　王　慧
整体设计 姜　明

"爱上北外滩"系列
上海邮政大楼
熊月之　主编
黄　婷　著

出　版	学林出版社
	(200001　上海福建中路193号)
发　行	上海人民出版社发行中心
	(200001　上海福建中路193号)
印　刷	上海雅昌艺术印刷有限公司
开　本	890×1240　1/32
印　张	7.75
字　数	21万
版　次	2021年5月第1版
印　次	2021年5月第1次印刷
ISBN 978-7-5486-1713-6/K・199
定　价	58.00元

(如发生印刷、装订质量问题,读者可向工厂调换)